U0113425

Apache Kafka 2.0 入门与实践

[美] 劳尔·埃斯特拉达　著

张华臻　译

清华大学出版社

北　京

内 容 简 介

本书详细阐述了与 Apache Kafka 2.0 相关的基本解决方案，主要包括配置 Kafka、消息验证、消息增强、序列化、模式注册表、Kafka Streams、KSQL、Kafka Connect 等内容。此外，本书还提供了相应的示例、代码，以帮助读者进一步理解相关方案的实现过程。

本书既可作为高等院校计算机及相关专业的教材和教学参考书，也可作为相关开发人员的自学教材和参考手册。

图书在版编目（CIP）数据

Apache Kafka 2.0 入门与实践 /（美）劳尔·埃斯特拉达著；张华臻译. —北京：清华大学出版社，2019
书名原文：Apache Kafka Quick Start Guide
ISBN 978-7-302-53495-2

I. ①A… II. ①劳… ②张… III. ①分布式操作系统 IV. ①TP316.4

中国版本图书馆 CIP 数据核字（2019）第 179553 号

责任编辑：贾小红
封面设计：刘 超
版式设计：文森时代
责任校对：马军令
责任印制：杨 艳

出版发行：清华大学出版社
　　　　网　　址：http://www.tup.com.cn，http://www.wqbook.com
　　　　地　　址：北京清华大学学研大厦 A 座　　　　　　　　邮　　编：100084
　　　　社 总 机：010-62770175　　　　　　　　　　　　　　邮　　购：010-62786544
　　　　投稿与读者服务：010-62776969，c-service@tup.tsinghua.edu.cn
　　　　质量反馈：010-62772015，zhiliang@tup.tsinghua.edu.cn
印 装 者：三河市国英印务有限公司
经　　销：全国新华书店
开　　本：185mm×230mm　　　印　　张：9.25　　　　　字　　数：225 千字
版　　次：2019 年 9 月第 1 版　　　　　　　　　　　　　印　　次：2019 年 9 月第 1 次印刷
定　　价：69.00 元

产品编号：084070-01

译 者 序

Kafka 是由 Apache 软件基金会开发的一个开源流处理平台，是一种高吞吐量的分布式发布订阅消息系统，它可以处理消费者在网站中的所有动作流数据。时至今日，Apache Kafka 可用于采集数据、执行实时数据分析，并执行实时数据流处理。另外，Kafka 还可用于向复杂事件处理（CEP）架构中输入事件、部署于微服务架构中，并可实现于物联网架构中。

本书是一本适用于数据工程师、软件开发人员和数据架构师的快速入门指南，详细阐述了与 Apache Kafka 2.0 相关的基本解决方案，主要包括配置 Kafka、消息验证、消息增强、序列化、模式注册表、Kafka Streams、KSQL、Kafka Connect 等内容。本书注重于编程实现过程，并提供了相应的示例、代码，以帮助读者进一步理解相关方案的实现过程。

在本书的翻译过程中，除张华臻外，王辉、刘璋、刘晓雪、张博、刘祎等人也参与了部分翻译工作，在此一并表示感谢。

由于译者水平有限，难免有疏漏和不妥之处，恳请广大读者批评指正。

译　者

前　言

自 2011 年以来，Kafka 突然呈爆炸式增长。超过三分之一的财富 500 强公司均采用了 Apache Kafka。这些公司包括旅游公司、银行、保险公司和电信公司。

同时，Uber、Twitter、Netflix、Spotify、Blizzard、LinkedIn 和 PayPal 等公司每天也采用 Apache Kafka 处理大量的消息。

时至今日，Apache Kafka 可用于采集数据、执行实时数据分析，并执行实时数据流处理。另外，Kafka 还可用于向复杂事件处理（CEP）架构中输入事件、部署于微服务架构中，并可实现于物联网架构中。

在数据流领域中，Kafka Streams 也面临着一些竞争对手，例如 Apache Spark、Apache Flink、Akka Streams、Apache Pulsar 和 Apache Beam。尽管如此，Apache Kafka 仍拥有一个无法替代的优势，即易于使用。Kafka 易于实现和维护，其学习曲线也相对平缓。

本书是一本实用的快速入门指南，并侧重于展示实际用例，且较少涉及 Kafka 架构方面的理论知识。本书旨在讲解 Apache Kafka 使用者所面临的日常问题。

适用读者

❑　本书是一本适用于数据工程师、软件开发人员和数据架构师的快速入门指南。

❑　本书注重于编程实现过程，同时详细介绍了 Apache Kafka 2.0 方面的知识。

❑　书中的全部示例均采用 Java 8 实现，因此建议读者具有与 Java 8 相关的背景知识，这也是阅读本书的唯一前提条件。

本书内容

第 1 章：配置 Kafka。介绍了 Apache Kafka 2.0 的基础知识，包括如何安装、配置和运行 Kafka。此外，本章还讨论了如何利用 Kafka 代理和 topic 执行基本的操作。

第 2 章：消息验证。探讨了如何针对企业服务总线进行数据验证，其间还会涉及如何从输入流中过滤消息。

第 3 章：消息增强。将考查消息增强机制，对于企业服务总线来说，这也是一项较为重要的任务。消息增强可将附加信息整合至系统消息中。

第 4 章：**序列化**。将讨论如何构建序列化器和反序列化器，进而写入、读取或转换消息（二进制、原始字符串、JSON 或 Avro 格式）。

第 5 章：**模式注册表**。将利用 Kafka Schema Registry 验证、序列化、反序列化并维护消息的历史版本。

第 6 章：**Kafka Streams**。将阐述如何获取与消息分组相关的信息（消息流），以及如何获取附加信息。例如，如何利用 Kafka Streams 处理消息的聚合和合成操作。

第 7 章：**KSQL**。将讨论如何在 Kafka Streams 的基础上利用 SQL 操控事件流。

第 8 章：**Kafka Connect**。将介绍快速数据处理工具，以及如何与 Apache Kafka 结合使用以生成数据处理管线。其中，相关工具包括 Apache Spark 和 Apache Beam。

背景知识

在阅读本书时，建议读者具有 Java 8 方面的编程背景知识。

执行本书示例所需的最低配置是 Intel^RCore i3 处理器、4GB RAM 和 128GB 磁盘空间。这里推荐使用 Linux 或 macOS 操作系统，因为相关示例并不完全支持 Windows 操作系统。

资源下载

读者可访问 http://www.packtpub.com 并通过个人账户下载示例代码文件。另外，在 http://www.packtpub.com/support 中注册成功后，我们将以电子邮件的方式将相关文件发与读者。

读者可根据下列步骤下载代码文件：

❑ 利用电子邮件地址和密码登录或注册我们的网站 www.packtpub.com。

❑ 单击 SUPPORT 选项卡。

❑ 单击 Code Downloads & Errata。

❑ 在 Serach 文本框中输入书名。

当文件下载完毕后，确保使用下列最新版本软件解压文件夹：

❑ Windows 系统下的 WinRAR/7-Zip。

❑ Mac 系统下的 Zipeg/iZip/UnRarX。

❑ Linux 系统下的 7-Zip/PeaZip。

另外，读者还可访问 GitHub 获取本书的代码包，对应网址为 https://github.com/PacktPublishing/Apache-Kafka-Quick-Start-Guide。

此外，读者还可访问 https://github.com/PacktPublishing/以了解丰富的代码和视频资源。

本书约定

本书通过不同的文本风格区分相应的信息类型。下面通过一些示例对此类风格以及具体含义的解释予以展示。

代码块如下所示。

```
{
    "event": "CUSTOMER_CONSULTS_ETHPRICE",
    "customer": {
        "id": "14862768",
        "name": "Snowden, Edward",
        "ipAddress": "95.31.18.111"
    },
    "currency": {
        "name": "ethereum",
        "price": "RUB"
    },
    "timestamp": "2018-09-28T09:09:09Z"
}
```

当某个代码块希望引起读者的足够重视时，一般会采用黑体表示，如下所示。

```
dependencies {
    compile group: 'org.apache.kafka', name: 'kafka_2.12',
        version:'2.0.0'
    compile group: 'com.maxmind.geoip', name: 'geoip-api',
        version:'1.3.1'
    compile group: 'com.fasterxml.jackson.core', name: 'jackson-core',
        version: '2.9.7'
}
```

命令行输入或输出则采用下列方式表达：

```
> <confluent-path>/bin/kafka-topics.sh --list --ZooKeeper
localhost:2181
```

ℹ️ 图标表示较为重要的说明事项。

💡 图标则表示提示信息和操作技巧。

读者反馈和客户支持

欢迎读者对本书的建议或意见予以反馈。

对此，读者可向 feedback@packtpub.com 发送邮件，并以书名作为邮件标题。若读者对本书有任何疑问，均可发送邮件至 questions@packtpub.com，我们将竭诚为您服务。

若读者针对某项技术具有专家级的见解，抑或计划撰写书籍或完善某部著作的出版工作，则可访问 www.packtpub.com/authors。

勘误表

尽管我们在最大程度上做到尽善尽美，但错误依然在所难免。如果读者发现谬误之处，无论是文字错误抑或是代码错误，还望不吝赐教。对此，读者可访问 http://www.packtpub.com/submit-errata 选取对应书籍，单击 Errata Submission Form 超链接，并输入相关问题的详细内容。

版权须知

一直以来，互联网上的版权问题从未间断，Packt 出版社对此类问题异常重视。若读者在互联网上发现本书任意形式的副本，请告知网络地址或网站名称，我们将对此予以处理。关于盗版问题，读者可发送邮件至 copyright@packtpub.com。

问题解答

若读者对本书有任何疑问，均可发送邮件至 questions@packtpub.com，我们将竭诚为您服务。

目　　录

第 1 章　配置 Kafka

本章主要介绍 Kafka 的具体含义，以及与该技术相关的概念，包括 broker、topic、生产者和消费者。除此之外，本章还将讨论如何采用命令行构建简单的生产者和消费者，以及如何安装 Confluent Platform。本章可视为后续章节的基础内容。

本章主要涉及以下主题：

- ❏ Kafka 简介。
- ❏ 安装 Kafka（Linux 和 macOS 环境）。
- ❏ 安装 Confluent Platform。
- ❏ 运行 Kafka。
- ❏ 运行 Confluent Platform。
- ❏ 运行 Kafka 代理。
- ❏ 运行 Kafka topic。
- ❏ 命令行消息生产者。
- ❏ 命令行消息消费者。
- ❏ 使用 kafkacat。

1.1　Kafka 简介

Apache Kafka 是一个开源流平台。当读者正在阅读本书时，可能已经了解到 Kafka 在不牺牲速度和效率的前提下具有良好的水平伸缩性。

Kafka 的核心采用 Scala 编写，而 Kafka Stream 和 KSQL 则采用 Java 编写。另外，Kafka 服务器可在多种操作系统中运行，例如 Unix、Linux、macOS，甚至是 Windows。考虑到 Kafka 一般在 Linux 服务器的生产环境中运行，因而本书中的示例是为在 Linux 环境中运行而设计的。另外，本书中的示例也兼顾到 bash 环境中的应用。

本章将详细阐述如何安装、配置和运行 Kafka。作为一本快速入门指南，本书并未涉及太多的理论细节。当前，读者有必要理解以下 3 项内容：

- ❏ Kafka 是一个服务总线：为了连接异构应用程序，需要实现一种消息发布机制，并在其间发送和接收消息。相应地，消息路由器也称作消息代理。Kafka 是一个消息代理，同时也是一种快速处理客户端之间路由消息的解决方案。
- ❏ Kafka 架构包含两个指令：第一个指令不会阻塞生产者；第二个指令将隔离生产

者和消费者。生产者不应知道对应的消费者是谁，因此 Kafka 采用了哑代理和智能模型。

❑ Kafka 是一个实时消息系统：除此之外，Kafka 还是一个带有发布-订阅模型的软件解决方案，具备开源、分布式、分区、复制和日志提交等特性。

Apache Kafka 中的其他一些概念和术语还包括：

❑ 集群：表示一组 Kafka 代理。

❑ Zookeeper：表示为一个集群协调器——也可包含不同服务的工具，这些服务是 Apache 生态系统中的一部分内容。

❑ 代理（broker）：这是一个 Kafka 服务器，同时也代表了 Kafka 服务器进程自身。

❑ topic：表示为一个队列（包含日志分区）；一个代理可运行多个 topic。

❑ 偏移：表示每个消息的标识符。

❑ 分区：这是一个不可变的、有序的记录序列，持续附加到结构化提交日志中。

❑ 生产者：表示为一个程序并向 topic 发布数据。

❑ 消费者：表示为一个程序，处理来自 topic 中的数据。

❑ 保存期：保持消息可用的时间。

在 Kafka 中，存在 3 种集群类型，具体如下：

❑ 单一节点：单一代理。

❑ 单一节点：多个代理。

❑ 多个节点：多个代理。

在 Kafka 中，仅包含 3 种消息传递方式，具体如下：

❑ 永不重发：一旦发送后，此类消息将不再被重新发送，因而消息可能会丢失。

❑ 可以重新发送：如果未接收到消息，可再次发送消息，因而消息永远不会丢失。

❑ 仅发送一次：消息仅发送一次，这也是最为困难的发送方式。由于消息仅发送一次，且不会被重发，因而消息的损失率为 0。

消息日志可以通过两种方式进行压缩，具体如下：

❑ 粗粒度：按时间压缩的日志。

❑ 细粒度：按消息压缩的日志。

1.2　安装 Kafka

Kafka 环境的安装包含以下 3 种方式：

❑ 下载可执行文件。

❑ 使用 brew（在 macOS 操作系统中）或 yum（在 Linux 操作系统中）。

❑ 安装 Confluent Platform。

针对上述 3 种方式,第一步是安装 Java。具体来说,当前需要安装 Java 8。读者可访问 http://www.oracle.com/technetwork/java/javase/downloads/index.html,并下载最新版本的 JDK 8。

在本书编写时,Java 8 JDK 的最新版本为 8u191。

对于 Linux 用户,需要执行下列各项步骤。

(1)将文件模式调整为可执行文件,如下所示。

```
> chmod +x jdk-8u191-linux-x64.rpm
```

(2)访问 Java 安装目录,如下所示。

```
> cd <directory path>
```

(3)利用下列命令运行 rpm 安装程序:

```
> rpm -ivh jdk-8u191-linux-x64.rpm
```

(4)将 JAVA_HOME 变量添加到环境中。下面的命令将 JAVA_HOME 环境变量写入至/etc/profile 文件。

```
> echo "export JAVA_HOME=/usr/java/jdk1.8.0_191" >> /etc/profile
```

(5)验证 Java 的安装结果,如下所示。

```
> java -version
java version "1.8.0_191"
Java(TM) SE Runtime Environment (build 1.8.0_191-b12)
Java HotSpot(TM) 64-Bit Server VM (build 25.191-b12, mixed mode)
```

在编写本书时,最新的 Scala 版本为 2.12.6。当在 Linux 中安装 Scala 时,可执行下列步骤。

(1)访问 http://www.scala-lang.org/download 并下载最新版本的 Scala 二进制文件。

(2)解压下载后的文件 scala-2.12.6.tgz,如下所示。

```
> tar xzf scala-2.12.6.tgz
```

(3)向当前环境中添加 SCALA_HOME 变量,如下所示。

```
> export SCALA_HOME=/opt/scala
```

(4)向 PATH 环境变量中加入 Scala bin 目录,如下所示。

```
> export PATH=$PATH:$SCALA_HOME/bin
```

（5）当验证 Scala 安装结果时，可执行下列命令。

```
> scala -version
Scala code runner version 2.12.6 -- Copyright 2002-2018,
LAMP/EPFL and Lightbend, Inc.
```

当在机器上安装 Kafka 时，应确保设备上至少具有 4GB 的 RAM；针对 macOS 用户，对应的安装目录应为/usr/local/kafka/；对于 Linux 用户，对应的安装目录应为/opt/kafka/。用户应根据具体的操作系统创建此类目录。

1.2.1 在 Linux 中安装 Kafka

访问 Apache Kafka 下载页面 http://kafka.apache.org/downloads，如图 1.1 所示。

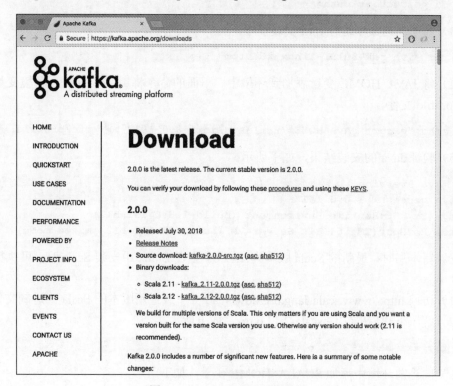

图 1.1 Apache Kafka 下载页面

在编写本书时，当前 Apache Kafka 的稳定版本为 2.0.0。需要注意的是，自版本 0.8.x 以来，Kafka 并未实现向后兼容。因此，不能将当前版本替换为 0.8 之前的版本。在下载了最新的可用版本后，下面继续安装。

TIP 提示：对于 macOS 用户，可利用/usr/local 替换/opt/。

当在 Linux 中安装 Kafka 时，可遵循下列各项步骤。

（1）在/opt/目录中解压 kafka_2.11-2.0.0.tgz 文件，如下所示。

```
> tar xzf kafka_2.11-2.0.0.tgz
```

（2）创建 KAFKA_HOME 环境变量，如下所示。

```
> export KAFKA_HOME=/opt/kafka_2.11-2.0.0
```

（3）向 PATH 变量中添加 Kafka bin 目录，如下所示。

```
> export PATH=$PATH:$KAFKA_HOME/bin
```

至此，Java、Scala 和 Kafka 均已安装完毕。

当采用命令行方式执行上述命令时，对于 macOS 用户来说，存在一个功能强大的工具，即 brew（等同于 Linux 中的 yum）。

1.2.2　在 macOS 中安装 Kafka

当在 macOS 中安装 Kafka 时（之前需要安装 brew），可执行下列各项步骤。

（1）利用 brew 安装 sbt（即 Scala 构建工具），如下所示。

```
> brew install sbt
```

如果已在当前环境中安装了 sbt，可运行下列命令对其加以更新：

```
> brew upgrade sbt
```

对应的输出结果如图 1.2 所示。

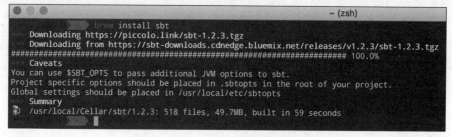

图 1.2　Scala 构建工具的安装输出结果

（2）利用 brew 安装 Scala，如下所示。

```
> brew install scala
```

如果已在当前环境中安装了 Scala，可运行下列命令对其加以更新：

```
> brew upgrade scala
```

对应的输出结果如图 1.3 所示。

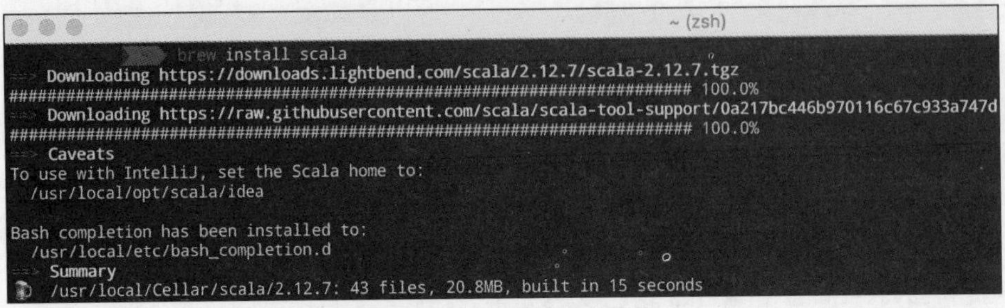

图 1.3   Scala 安装输出结果

（3）当利用 brew 安装 Kafka 时（同时也会安装 Zookeeper），可执行下列命令：

```
> brew install kafka
```

如果已在当前环境中安装了 Kafka，可运行下列命令对其加以更新：

```
> brew upgrade kafka
```

对应的输出结果如图 1.4 所示。

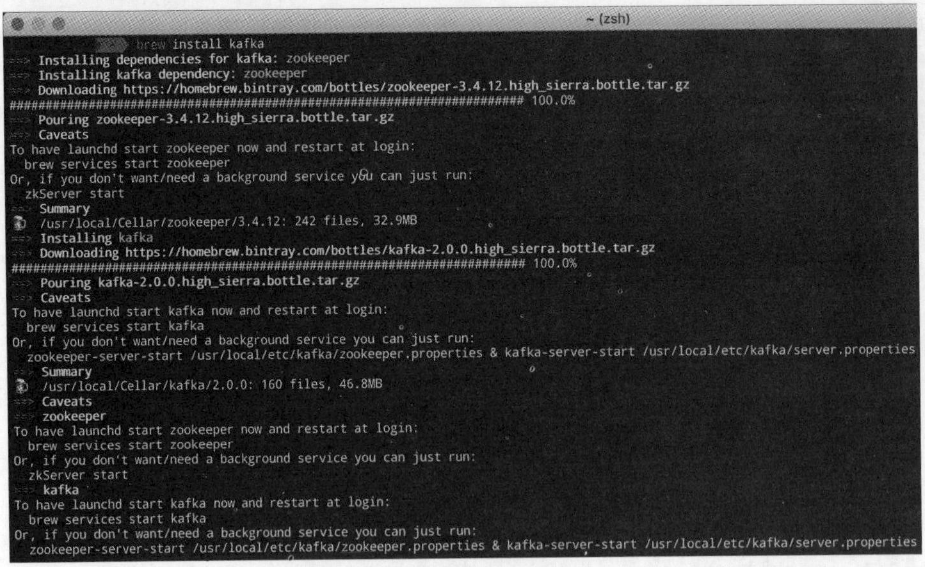

图 1.4   Kafka 安装输出结果

关于 brew，读者可访问 https://brew.sh/以了解更多内容。

1.2.3　安装 Confluent Platform

安装 Kafka 的第 3 种方式可通过 Confluent Platform 完成。在本书后续内容中，我们将采用 Confluent Platform 开源版本。

Confluent Platform 是一个集成平台，其中涵盖了下列组件：

❑　Apache Kafka。

❑　REST 代理。

❑　Kafka Connect API。

❑　Schema Registry。

❑　Kafka Streams API。

❑　预置连接器。

❑　非 Java 客户端。

❑　KSQL。

读者可能已经注意到，几乎每个组件均可独立成章。

除了开源版本中的所有组件之外，商业版本的 Confluent Platform 还涵盖以下内容：

❑　Confluent Control Center（CCC）。

❑　Kafka 算子（针对 Kubernetes）。

❑　JMS 客户端。

❑　复制器。

❑　MQTT 代理。

❑　自动数据平衡器。

❑　安全特性。

注意，本书并不打算对非开源版本中的组件予以过多的讨论。

Confluent Platform 也可在 Docker 镜像中得到，但此处我们将采用本地安装方式。

访问 Confluent Platform 下载页面，对应网址为 https://www.confluent.io/download/。

在编写本书时，Confluent Platform 的最新稳定版本为 5.0.0。需要注意的是，由于 Kafka 核心运行于 Scala 上，因而存在两个 Scala 版本，分别为 Scala 2.11 和 Scala 2.12。

我们可以从桌面目录运行 Confluent Platform，但遵循本书惯例，对于 Linux 用户，此处将使用/opt/；而对于 macOS 用户则采用/usr/local。

当安装 Confluent Platform 时，需要将下载后的文件 confluent-5.0.0-2.11.tar.gz 解压至当前目录中，如下所示。

```
> tar xzf confluent-5.0.0-2.11.tar.gz
```

1.3 运行 Kafka

Kafka 包含了两种运行方式：取决于是否直接安装或者通过 Confluent Platform 进行安装。如果采用了直接安装方式，则 Kafka 的运行过程如下所示。

ℹ️ **注意**：对于 macOS 用户，如果使用 brew 进行安装，路径可能会有所不同。相应地，可检查 brew install kafka 命令的输出结果，以获得可用来启动 Zookeeper 和 Kafka 的确切命令。

访问 Kafka 安装目录（对于 macOS 用户，该目录为/usr/local/kafka；对于 Linux 用户，该目录为/opt/kafka/），如下所示。

```
> cd /usr/local/kafka
```

首先需要启动 Zookeeper（现在和将来，Kafka 与 Zookeeper 之间的关系将变得越发紧密），输入下列命令：

```
> ./bin/zookeeper-server-start.sh ../config/zookeper.properties
ZooKeeper JMX enabled by default
Using config: /usr/local/etc/zookeeper/zoo.cfg
Starting zookeeper ... STARTED
```

当检测 Zookeeper 是否处于运行状态时，可在 9093 端口（默认端口）上使用 lsof 命令，如下所示。

```
> lsof -i :9093
COMMAND PID USER FD TYPE DEVICE SIZE/OFF NODE NAME
java 12529 admin 406u IPv6 0xc41a24baa4fedb11 0t0 TCP *:9093 (LISTEN)
```

访问/usr/local/kafka/（macOS 用户）或/opt/kafka/（Linux 用户），运行安装所附带的 Kafka 服务器，如下所示。

```
> ./bin/kafka-server-start.sh ./config/server.properties
```

此时，机器上将存在一个 Apache Kafka 代理。

注意，Zookeeper 须在启动 Kafka 之前运行于机器上。如果不希望每次运行 Kafka 时手动启动 Zookeeper，可将其安装为一项操作系统自动启动服务。

1.4 运行 Confluent Platform

访问 Confluent Platform 安装目录（对于 macOS 用户，该目录为/usr/local/kafka/；对

于 Linux 用户，该目录为/opt/kafka/），并输入下列命令：

```
> cd /usr/local/confluent-5.0.0
```

当启动 Confluent Platform 时，运行下列命令：

```
> bin/confluent start
```

注意，https://docs.confluent.io/current/cli/index.html 命令行界面仅用于开发阶段，而非产品环境。

对应的输出结果如下所示。

```
Using CONFLUENT_CURRENT:
/var/folders/nc/4jrpd1w5563crr_np997zp980000gn/T/confluent.q3uxpyAt

Starting zookeeper
zookeeper is [UP]
Starting kafka
kafka is [UP]
Starting schema-registry
schema-registry is [UP]
Starting kafka-rest
kafka-rest is [UP]
Starting connect
connect is [UP]
Starting ksql-server
ksql-server is [UP]
Starting control-center
control-center is [UP]
```

可以看到，Confluent Platform 将以下列顺序自动启动：Zookeeper、Kafka、Schema Registry、REST 代理、Kafka Connect、KSQL 和 Confluent Control Center。

当访问运行于本地的 Confluent Control Center 时，可访问 http://localhost:9021，如图 1.5 所示。

此外，Confluent Platform 还包含其他一些命令。

当获取所有的服务状态，或者特定服务（及其依赖关系）的状态时，可输入下列命令：

```
> bin/confluent status
```

当终止全部服务或特定服务（以及依赖于该服务的服务）时，可输入下列命令：

```
> bin/confluent stop
```

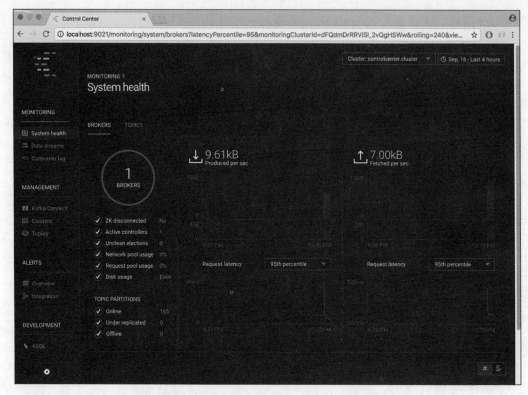

图 1.5　Confluent Control Center 主页

当删除 Confluent Platform 的数据和日志时，可输入下列命令：

```
> bin/confluent destroy
```

1.5　运行 Kafka 代理

服务器背后真正的处理艺术在于其配置过程。本节将研究如何在独立模式下处理 Kafka 代理的基本配置。由于尚处于学习阶段，因而本节暂不涉及集群配置。

可以想象，存在两种配置类型，即独立配置和集群配置。当以集群模式运行复制时，Kafka 的真正功能方得以发挥，所有的 topic 均被正确地分区。

集群模式涵盖了两个优点，即并行性和冗余性。其中，并行性是指在集群成员间可同步运行多项任务；而冗余性则确保当 Kafka 节点宕机时，集群仍处于安全状态，并且可以从其他正在运行的节点进行访问。

本节将讨论如何在本地机器上利用多个节点配置一个集群。然而，在实际操作过程中，较好的方法是配置多台具有多个节点共享集群的机器。

访问 Confluent Platform 安装目录，即<confluent-path>。

如前所述，代理表示为一个服务器实例。服务器（或代理）实际上是一个运行在操作系统中的进程，并根据其配置文件启动。

Confluent 为我们提供了一个标准的代理配置模板。对应文件称作 server.properties，且位于 config 子目录的 Kafka 安装目录中。相关操作步骤如下所示。

（1）在<confluent-path>中，生成一个带有名称标记的目录。

（2）针对每个希望运行的 Kafka 代理（服务器），需要生成一个配置文件模板的副本，并对其进行重命名。在当前示例中，对应的集群称作 mark，如下所示。

```
> cp config/server.properties <confluent-path>/
mark/mark-1.properties

> cp config/server.properties <confluent-path>/
mark/mark-2.properties
```

（3）相应地，修改每个属性文件。如果对应的文件为 mark-1，broker.id 应为 1。随后，指定服务器将要运行的端口。这里，针对 mark-1 和 mark-2，推荐端口分别为 9093 和 9094。需要注意的是，端口属性并未在模板中被设置，因此需要添加相关内容。最后，还需要指定 Kafka 日志的位置（具体来说，Kafka 日志是一个特定的存档文件，用以存储全部的 Kafka 代理操作）。在当前示例中，我们采用了/tmp 目录。这里，一些常见问题多与写入权限相关。对于在日志目录上运行这些进程的用户来说，应给与相应的写入权限和执行权限，如下例所示。

❏ 在 mark-1.properties 中，应设置为：

```
broker.id=1
port=9093
log.dirs=/tmp/mark-1-logs
```

❏ 在 mark-2.properties 中，应设置为：

```
broker.id=2
port=9094
log.dirs=/tmp/mark-2-logs
```

（4）通过相应的配置文件（作为参数传递）并利用 kafka-server-start 命令启动 Kafka 代理。此时，Confluent Platform 须处于运行状态，且对应端口不应被其他进程占用。Kafka 的启动方式如下所示。

```
> <confluent-path>/bin/kafka-server-start <confluent-path>/
```

```
mark/mark-1.properties &
```

同时，在另一个命令行窗口中运行以下命令：

```
> <confluent-path>/bin/kafka-server-start <confluent-path>/
mark/mark-2.properties &
```

需要注意的是，属性文件包含了服务器配置，且 config 目录中的 server.properties 仅是一个模板。

当前存在两个代理，即 mark-1 和 mark-2，并运行于同一个集群的同一台机器上。

ⓘ **注意：**

以下问答内容应引起读者的足够重视。

问：每个代理如何知道它属于哪个集群？

答：代理知道它们属于同一个集群，因为在配置中，它们都指向同一个 Zookeeper 集群。

问：每个代理与同一集群中的其他代理有何不同？

答：通过 broker.id 属性中指定的名称，每个代理在集群内部进行标识。

问：如果端口号未指定，将会发生什么情况？

答：如果未指定端口属性，Zookeeper 将分配相同的端口号并覆写数据。

问：如果日志目录未指定，将会出现什么情况？

答：如果未指定 log.dir，所有代理将写入同一默认的 log.dir 中。如果代理打算在不同的机器上运行，那么可不指定端口和 log.dir 属性——它们运行于同一端口和日志文件中，但却在不同的机器上。

问：如何检查要启动代理的端口中是否已经运行了进程？

答：如前所述，下列命令可用于查看运行于特定端口上的进行，在当前示例中，端口号为 9093。

```
> lsof -i :9093
```

上述命令的对应输出结果如下所示。

```
COMMAND PID USER FD TYPE DEVICE SIZE/OFF NODE NAME
java 12529 admin 406u IPv6 0xc41a24baa4fedb11 0t0 TCP *:9093 (LISTEN)
```

我们可尝试在启动 Kafka 代理前、后运行该命令，并查看变化结果。除此之外，还可尝试在已被占用的端口上启动代理，进而对故障结果进行查看。

那么，如果希望在多台机器上运行集群，情况又当如何？

当在同一个集群的不同机器上运行 Kafka 时，可修改配置文件中的 Zookeeper 连接字符串，其默认值如下所示。

```
zookeeper.connect=localhost:2181
```

需要注意的是，机器之间必须能够通过 DNS 相互查找，并且它们之间不存在任何网络安全限制。

仅当在 Zookeeper 的同一台机器上运行 Kafka 代理时，Zookeeper 连接的默认值方为正确。取决于具体的架构，有必要确定是否存在一个代理运行于同一台 Zookeeper 机器上，如下所示。

```
zookeeper.connect=localhost:2181, 192.168.0.2:2183, 192.168.0.3:2182
```

上述代码表明，Zookeeper 分别运行于：端口为 2181 的本地主机上；端口为 2183、IP 为 192.168.0.2 的机器上；端口为 2182、IP 地址为 192.168.0.3 的机器上。Zookeeper 的默认端口为 2181，所以它通常于此处运行。

作为一个练习，我们可尝试通过 Zookeeper 集群的错误信息启动代理。另外，还可使用 lsof 命令尝试在被占用的端口上通用 Zookeeper。

如果对配置尚有疑问，或者不清楚要更改哪些值，可访问 https://github.com/apache/kafka/blob/trunk/config/server.properties 以查看开源 server.properties 模板。

1.6　运行 Kafka topic

topic 是代理中的一项强大功能，即代理中的队列。当前，两个代理处于运行状态，下面尝试在其上创建一个 Kafka topic。

与几乎所有的基础项目一样，Kafka 有 3 种构建方法，即通过命令行、通过编程和通过 Web 控制台（在本例中是 Confluent Control Center）。其中，Kafka 代理的管理过程（即创建、修改和销毁）可通过编程方式实现。如果对应的编程语言未予支持，则可通过 Kafka REST 予以管理。前述章节展示了如何采用命令行创建一个代理，下面将考查如何通过编程方式完成这一项任务。

那么，编程方式是否仅涉及管理行为（创建、修改或销毁）？答案是否定的。相应地，我们也可对 topic 进行管理；还可通过命令行创建 topic。对此，Kafka 包含了预置工具管理代理和 topic，稍后将对此加以解释。

当在处于运行状态的集群上创建一个名为 amazingTopic 的 topic 时，可使用下列命令：

```
> <confluent-path>/bin/kafka-topics --create --zookeeper
localhost:2181 --replication-factor 1 --partitions 1 --topic
amazingTopic
```

对应的输出结果如下所示。

Created topic amazingTopic

此处采用了 kafka-topics 命令。--create 参数表明，我们需要创建一个新的 topic；--topic 则负责设置 topic 名称，在当前示例中为 amazingTopic。

前述内容曾介绍了并行性和冗余性。相应地，--partitions 参数负责控制并行性；而 --replication-factor 则用于控制冗余性。

--replication-factor 参数较为重要，一方面，指定了 topic 将在集群的多少台服务器上进行复制；另一方面，一个代理只能运行一个副本。

显然，如果指定的服务器数量大于集群上运行的服务器数量，则会导致错误的出现。读者可对此进行尝试，相关错误信息如下所示。

```
Error while executing topic command: replication factor: 3 larger than
available brokers: 2

[2018-09-01 07:13:31,350] ERROR
org.apache.kafka.common.errors.InvalidReplicationFactorException:
replication factor: 3 larger than available brokers: 2

(kafka.admin.TopicCommand$)
```

需要注意的是，代理应该处于运行状态（读者可在具体环境中测试所有这些理论）。

顾名思义，--partitions 参数表示 topic 包含的分区数量。该数值决定了消费者一侧可以实现的并行度。在进行集群微调时，这个参数非常重要。

最后，--zookeeper 参数表示 Zookeeper 集群的运行位置。

当创建一个 topic 时，代理日志中的输出结果如下所示。

```
[2018-09-01 07:05:53,910] INFO [ReplicaFetcherManager on broker 1] Removed
fetcher for partitions amazingTopic-0
(kafka.server.ReplicaFetcherManager)

[2018-09-01 07:05:53,950] INFO Completed load of log amazingTopic-0
with 1 log segments and log end offset 0 in 21 ms (kafka.log.Log)
```

简而言之，上述消息表明，集群中创建了一个新的 topic。

这里的问题是，如何检测新创建的 topic？对此，我们可采用相同的命令，即 kafka-topics。

与--create 参数相比，参数的数量也有所增加。当检测 topic 的状态时，可运行包含--list 参数的 kafka-topics 命令，如下所示。

```
> <confluent-path>/bin/kafka-topics.sh --list –zookeeper localhost:2181
```

对应的输出结果为 topic 列表，如下所示。

```
amazingTopic
```

该命令返回集群中包含所有 topic 名称的列表（其中，topic 处于运行状态）。

另一个问题是，如何获得一个 topic 的细节信息？对此，答案仍是 kafka-topics。

针对某个特定的 topic，可运行包含--describe 参数的 kafka-topics 命令，如下所示。

```
> <confluent-path>/bin/kafka-topics --describe --zookeeper localhost:2181
--topic amazingTopic
```

对应的输出结果如下所示。

```
Topic:amazingTopic PartitionCount:1 ReplicationFactor:1 Configs:
Topic:amazingTopic Partition: 0 Leader: 1 Replicas: 1 Isr: 1
```

输出结果的解释如下：

❑ PartitionCount：表示 topic 上分区的数量（并行度）。

❑ ReplicationFactor：topic 上副本的数量（冗余度）。

❑ Leader：表示负责既定分区读、写操作的节点。

❑ Replicas：表示复制 topic 数据的代理节点；某些可能已经不复存在。

❑ Isr：当前同步副本的节点列表。

下面创建一个包含多个副本的 topic（例如，在集群中运行更多的代理），对此，输入下列命令：

```
> <confluent-path>/bin/kafka-topics --create --zookeeper localhost:2181 --
replication-factor 2 --partitions 1 --topic redundantTopic
```

对应的输出结果如下所示。

```
Created topic redundantTopic
```

下面调用包含--describe 参数的 kafka-topics 命令，并查看 topic 的细节内容，如下所示。

```
> <confluent-path>/bin/kafka-topics --describe --zookeeper localhost:2181
--topic redundantTopic

Topic:redundantTopic PartitionCount:1 ReplicationFactor:2 Configs:

Topic: redundantTopic Partition: 0 Leader: 1 Replicas: 1,2 Isr: 1,2
```

可以看到，Replicas 和 Isr 表示为同一个列表，进而可推断出全部节点均处于同步状态。

读者可使用 kafka-topics 命令，尝试在处于"死亡"状态下的代理上创建复制的 topic，并查看输出结果。另外，还可在处于运行状态下的服务器上创建 topic，随后"杀死"这些 topic 并查看结果。

如前所述，通过上述命令行执行的所有命令均可采用编程方式执行；或者通过 Confluent Control Center 这一 Web 控制台予以执行。

1.7 命令行消息生产者

Kafka 也包含了相关命令并可通过命令行方式发送消息。对应的输入内容可以是一个文本文件，或者是控制台标准输入。输入内容中的每一行均可作为一条独立消息发送至集群。

本节中的相关任务需要执行前面的各项操作步骤。同时，Kafka 代理必须已启动并处于运行状态，且在其中创建了一个 topic。

在新的命令行窗口中，运行下列命令，随后是作为消息发送至服务器的相关内容。

```
> <confluent-path>/bin/kafka-console-producer --broker-list localhost:9093
--topic amazingTopic

Fool me once shame on you
Fool me twice shame on me
```

上述代码将两条消息推入至运行在 9093 端口上的、本地主机集群上的 amazingTopic。

另外，作为一种较为简单的方式，上述命令还将检测包含特定 topic 的代理是否处于运行状态。

可以看到，kafka-console-producer 命令接收下列参数：

❑ --broker-list：指定了 Zookeeper 服务器，即以逗号分隔的、形如主机名: 端口的列表。

❑ --topic：该参数后跟目标 topic 的名称。

❑ --sync：表明消息是否以同步方式发送。

❑ --compression-codec：表示用于生成消息的压缩编码解码器。可能的选项包括 none、gzip、snappy 或 lz4。如果未指定，则默认选项为 gzip。

❑ --batch-size：如果消息未采用同步方式发送，但消息尺寸是在单次批处理中发送的，该值将以字节为单位加以指定。

❑ --message-send-max-retries：鉴于代理可能无法成功地接收消息，该参数指定了生产者放弃并丢弃消息之前所尝试的次数。该数值须为正整数。

❑ --retry-backoff-ms：当出现故障时，节点领导者的选举过程可能会需要一些时间。该参数表示选举之后、生产者重试之前等待的时间，并以毫秒作为单位。

❏ --timeout：如果生产者运行于异步模式下并设置了该参数，则表示消息针对足量的批处理大小所排队等候的最大时间值，该值以毫秒计。

❏ --queue-size：如果生产者运行于异步模式下并设置了该参数，则表示排队等候的最大的消息量。

在服务器微调过程中，batch-size、message-send-max-retries 以及 retry-backoff-ms 这一类参数均十分重要，因而在使用前须谨慎处理。

如果不希望输入消息，该命令还可接收一个文件。其中，每行内容均视为一条消息，如下所示。

```
<confluent-path>/bin/kafka-console-producer --broker-list localhost:9093
--topic amazingTopic < aLotOfWordsToTell.txt
```

1.8　命令行消息消费者

最后一步是如何读取生成的消息。针对于此，Kafka 包含了一个功能强大的命令，并可在命令行中使用消息。回忆一下，所有这些命令行任务均可通过编程方式实现。作为生产者，输入中的每一行内容均被视为来自生产者的一条消息。

本节中的相关任务需要执行前面的各项操作步骤。同时，Kafka 代理必须已启动并处于运行状态，且在其中创建了一个 topic。另外，还需要使用消息控制台生成器（生产者）创建一些消息，以便在一开始即从控制台中使用这些消息。

运行下列命令：

```
> <confluent-path>/bin/kafka-console-consumer --topic amazingTopic
--bootstrap-server localhost:9093 --from-beginning
```

对应输出结果如下所示。

```
Fool me once shame on you
Fool me twice shame on me
```

其中的参数表示为 topic 的名称，以及代理生产者的名称。除此之外，--from-beginning 参数表明消息应在开始处即被使用，而非日志中的最后一条消息（可对此进行测试，生成多条消息且不指定该参数）。

上述命令中包含了许多较为有用的参数，下列内容展示了其中一些较为重要的参数。

❏ --fetch-size：表示在单一请求中要获取的数据量。对应参数表示为以字节为单位的尺寸值，且默认值为 1024×1024。

❏ --socket-buffer-size：表示为 TCP RECV 的尺寸，对应参数表示为以字节为单位的尺寸值，且默认值为 2×1024×1024。

❑ --formater：表示为所用的类名，用于格式化所显示的消息，对应的默认值为 NewlineMessageFormatter。

❑ --autocommit.interval.ms：保存当前偏移量（以毫秒为单位）的时间间隔。对应参数表示为以毫秒计的时间值，默认值为 10000。

❑ --max-messages：表示在退出前所使用的最大消息数量。如果未设置，则使用过程将持续进行。另外，对应参数表示为消息数量。

❑ --skip-message-on-error：如果消息处理过程中出现错误，系统将对此予以忽略而非停机。

该命令较为常见的形式如下所示。

● 当仅使用一条消息时：

```
> <confluent-path>/bin/kafka-console-consumer -topic amazingTopic --
bootstrap-server localhost:9093 --max-messages 1
```

● 当根据偏移量使用一条消息时：

```
> <confluent-path>/bin/kafka-console-consumer -topic amazingTopic --
bootstrap-server localhost:9093 --max-messages 1 --formatter
'kafka.coordinator.GroupMetadataManager$OffsetsMessageFormatter'
```

● 当从特定的消费者分组中使用消息时：

```
<confluent-path>/bin/kafka-console-consumer --topic amazingTopic --
bootstrap-server localhost:9093 --new-consumer -consumer-property
group.id=my-group
```

1.9 使用 kafkacat

kafkacat 是一个通用的命令行、非 JVM 实用程序，用于测试和调试 Apache Kafka 部署。kafkacat 可用于生成、使用、显示 Kafka 的 topic 和分区信息，即 Kafka 的 netcat，它是一个在 Kafka 中检查和创建数据的工具。

kafkacat 类似于 Kafka 控制台生产者和 Kafka 控制台消费者，但功能更加强大。

kafkacat 是一款开源工具，且未包含于 Confluent Platform 中。读者可访问 https://github.com/edenhill/kafkacat 予以查看。

当在 Linux 上安装 kafkacat 时，可输入下列命令：

```
apt-get install kafkacat
```

当在 macOS 上安装 kafkacat 时（基于 brew），可输入下列命令：

```
brew install kafkacat
```

若订阅 amazingTopic 和 redundantTopic 并输出到 stdout 时，可输入下列命令：

```
kafkacat -b localhost:9093 -t amazingTopic redundantTopic
```

1.10　本章小结

本章介绍了 Kafka 及其在 Linux 和 macOS 环境下的安装、运行方式，以及 Confluent Platform 的安装和运行方式。

除此之外，本章还探讨了如何运行 Kafka 代理和 topic、如何运行命令行消息生产者和消费者，以及如何使用 kafkacat。

第 2 章将分析如何利用 Java 构建生产者和消费者。

第 2 章　消息验证

第 1 章主要介绍了如何设置 Kafka 集群，以及运行命令行生产者和消费者。在设置了事件的生产者后，接下来将需要处理此类事件。

在展开深入讨论之前，首先需要考查相关用例。我们需要为 Monedero 公司的系统建模，这是一家虚构的公司，其核心业务是加密货币交易。Monedero 公司希望将 IT 基础设施建立在基于 Apache Kafka 的企业服务总线（ESB）上。与此同时，Monedero 公司的 IT 部门也希望统一整个组织的服务主干网。此外，该公司还拥有全球范围内的、基于 Web 和移动应用程序的客户端，因此，实时响应是基本的原则之一。

全世界的在线客户都可以浏览 Monedero 公司的网站来交换他们的加密货币。相应地，客户可执行 Monedero 公司中的多项用例，但当前示例仅关注来自 Web 应用程序中的交易工作流。

本章主要介绍消息验证，而后续各章将介绍消息组合以及消息填充。

本章主要涉及以下主题：

❑ 对 JSON 格式的消息建模。

❑ 利用 Gradle 设置 Kafka 项目。

❑ 利用 Java 客户端从 Kafka 中读取数据。

❑ 利用 Java 客户端向 Kafka 中写入数据。

❑ 运行处理引擎管线。

❑ 利用 Java 对 Validator 进行编码。

❑ 运行验证操作。

2.1　企业服务总线

事件处理包括从事件流中获取一个或多个事件，并在此类事件上执行相关操作。总体来说，在企业服务总线中，最为常见的服务包括：

❑ 数据转换。

❑ 事件处理机制。

❑ 协议转换。

❑ 数据映射。

在大多数情况下，消息处理涉及以下方面：

❑ 针对消息模式的消息结构验证。

❑ 给定一个事件流，过滤流中的消息。

❑ 利用附加数据进一步丰富消息内容。

❑ 源自两个或多个消息的聚合（组合）操作，进而生成一个新消息。

2.2　事件建模

事件建模的第一步是采用文字形式描述事件，例如：主语-动词-直接宾语。

针对该示例，我们可对"客户咨询 ETH 价格"进行建模，具体如下：

❑ 句子中的主语是"客户"，即名词的主格形式。这里，主语表示执行操作的实体。

❑ 句子中的动词是"咨询"，描述了主语执行的动作。

❑ 句子中的直接宾语是"ETH 价格"。宾语表示被执行的实体。

相应地，可采用多种消息格式表达消息（后续章节也对此有所介绍），具体如下：

❑ JavaScript 对象标记（JavaScript Object Notation，JSON）。

❑ Apache Avro。

❑ Apache Thrift。

❑ 协议缓冲区。

JSON 很容易被人类和机器读写。例如，可选择二进制表达方式，但这一格式并不是为人类的阅读方式而设计的。作为一种平衡结果，二进制在处理过程中是非常快速的，同时也是一种轻量级格式。

程序清单 2.1 显示了 CUSTOMER_CONSULTS_ETHPRICE 事件的 JSON 表达方式。

```
        程序清单 2.1  customer_consults_ETHprice.json
{
 "event": "CUSTOMER_CONSULTS_ETHPRICE",
   "customer": {
     "id": "14862768",
     "name": "Snowden, Edward",
     "ipAddress": "95.31.18.111"
   },
   "currency": {
     "name": "ethereum",
     "price": "RUB"
   },
   "timestamp": "2018-09-28T09:09:09Z"
}
```

在该示例中，以太坊（Ethereum，ETH）货币价格采用俄罗斯卢布（Russian Rouble，RUB）表示。该 JSON 消息包含 4 部分内容，具体如下：

❑ event：表示包含事件名的字符串。

❑ customer：表示咨询以太坊价格的客户（在当前示例中，其 id 为 14862768）。在该表达方式中，客户存在唯一 id，即名称；而浏览器的 ipAddress 则表示为客户所登录的计算机的 IP 地址。

❑ currency：表示包含了加密货币名称以及货币价格。

❑ timestamp：表示客户发出请求的时间戳（UTC）。

从另一个角度来看，消息涵盖了两部分内容，即元数据——表示为事件名和时间戳，以及两个业务实体——客户和货币。因此，该消息可被人类阅读和理解。

下列内容显示了 JSON 格式下的、来自同一用例的其他消息：

```
{ "event": "CUSTOMER_CONSULTS_ETHPRICE",
  "customer": {
    "id": "13548310",
    "name": "Assange, Julian",
    "ipAddress": "185.86.151.11"
  },
  "currency": {
    "name": "ethereum",
    "price": "EUR"
  },
  "timestamp": "2018-09-28T08:08:14Z"
}
```

下列代码展示了另一个示例：

```
{ "event": "CUSTOMER_CONSULTS_ETHPRICE",
  "customer": {
    "id": "15887564",
    "name": "Mills, Lindsay",
    "ipAddress": "186.46.129.15"
  },
  "currency": {
    "name": "ethereum",
    "price": "USD"
  },
  "timestamp": "2018-09-28T19:51:35Z"
}
```

这里的问题是，如果希望以 Avro 模式表达消息，情况又当如何？程序清单 2.2 显示了消息的 Avro 模式。注意，这并非是实际的消息，而是一种模式（schema）。

程序清单 2.2　customer_consults_ethprice.avsc

```
{ "name": "customer_consults_ethprice",
  "namespace": "monedero.avro",
  "type": "record",
  "fields": [
    { "name": "event", "type": "string" },
    { "name": "customer",
      "type": {
        "name": "id", "type": "long",
        "name": "name", "type": "string",
        "name": "ipAddress", "type": "string"
      }
    },
    { "name": "currency",
      "type": {
        "name": "name", "type": "string",
        "name": "price", "type": {
          "type": "enum", "namespace": "monedero.avro",
            "name": "priceEnum", "symbols": ["USD", "EUR", "RUB"]}
      }
    },
    { "name": "timestamp", "type": "long",
      "logicalType": "timestamp-millis"
    }
  ]
}
```

关于 Avro 模式，读者可参考 Apache Avro 规范，对应网址为 https://avro.apache.org/docs/1.8.2/spec.html。

2.3　配置项目

本节将通过 Gradle 构建项目。首先，读者可访问 http://www.gradle.org/downloads 下载并安装 Gradle。

Gradle 仅需要使用到 Java SDK（版本 7 或更高）。

macOS 用户可利用 brew 命令安装 Gradle，如下所示。

```
$ brew update && brew install gradle
```

对应的输出结果如下所示。

```
==> Downloading
https://services.gradle.org/distributions/gradle-4.10.2-all.zip
==> Downloading from
https://downloads.gradle.org/distributions/gradle-4.10.2-al
##################################################################
100.0%
/usr/local/Cellar/gradle/4.10.2: 203 files, 83.7MB, built in 59
seconds
```

Linux 用户可利用 apt-get 命令安装 Gradle，如下所示。

```
$ apt-get install gradle
```

除此之外，Unix 用户还可以使用 sdkman 进行安装，sdkman 是一种管理大多数 Unix 操作系统并行版本的工具，如下所示。

```
$ sdk install gradle 4.3
```

当 chanceGradle 是否正确安装时，可输入下列命令：

```
$ gradle -v
```

对应的输出结果如下所示。

```
------------------------------------------------------------
Gradle 4.10.2
------------------------------------------------------------
```

这里，首先需要创建一个名为 monedero 的目录，并于其中执行下列命令：

```
$ gradle init --type java-library
```

对应输出结果如下所示。

```
...
BUILD SUCCESSFUL
...
```

Gradle 在该目录中生成项目的整体结构，对应的目录结构如下所示。

```
- build.gradle
- gradle
  -- wrapper
    --- gradle-wrapper.jar
    --- gradle-vreapper.properties
- gradlew
- gradle.bat
- settings.gradle
```

```
- src
  -- main
    --- java
      ----- Library.java
  -- test
    --- java
      ----- LibraryTest.java
```

此处，可删除 Library.java 和 LibraryTest.java 这两个文件。

接下来修改名为 build.gradle 的 Gradle 构建文件，并用程序清单 2.3 予以替换。

程序清单 2.3 ProcessingEngine Gradle 构建文件

```
apply plugin: 'java'
apply plugin: 'application'
sourceCompatibility = '1.8'
mainClassName = 'monedero.ProcessingEngine'
repositories {
  mavenCentral()
}
version = '0.1.0'
dependencies {
  compile group: 'org.apache.kafka', name: 'kafka_2.12',
    version: '2.0.0'
  compile group: 'com.fasterxml.jackson.core', name: 'jackson-core',
    version: '2.9.7'
}
jar {
  manifest {
    attributes 'Main-Class': mainClassName
  } from {
    configurations.compile.collect {
      it.isDirectory() ? it : zipTree(it)
    }
  }
  exclude "META-INF/*.SF"
  exclude "META-INF/*.DSA"
  exclude "META-INF/*.RSA"
}
```

该文件展示了引擎的库依赖关系，具体如下：

❑ kafka_2.12 表示 Apache Kafka 的依赖项。

❑ jackson-databind 库用于 JSON 解析和管理。

当编译资源和下载所需库时，可输入下列命令：

```
$ gradle compileJava
```

对应的输出结果如下所示。

```
...
BUILD SUCCESSFUL
...
```

另外，当前项目还可利用 Maven 或 SBT 加以创建，甚至还可从 IDE 中构建（如 IntelliJ、Eclipse、Netbeans 等）。但出于简单考虑，此处将采用 Gradle。

关于构建工具的更多信息，读者可访问以下链接。

❑　Gradle 的主页：http://www.gradle.org。

❑　Maven 的主页：http://maven.apache.org。

❑　SBT 的主页：http://www.scala-sbt.org/。

2.4　从 Kafka 中读取数据

在创建了项目的基本结构之后，本节将考查流处理引擎的项目需求。回忆一下，事件客户咨询 ETH 价格发生在 Monedero 公司之外；同时，这些消息可能未经良好组织，也就是说，消息存在缺陷。

在操作管线（当前项目名为 ProcessingEngine）中，第一步是验证输入事件是否包含了正确的数据和结构。

ProcessingEngine 规范需要创建执行下列任务的管线应用程序：

❑　从名为 input-messages 的 Kafka topic 中读取每条消息。

❑　验证每条消息，向名为 invalid-messages 的特定 Kafka topic 中发送任何无效事件。

❑　在名为 valid-messages 的 Kafka topic 中写入正确的消息。

图 2.1 显示了上述各项步骤；同时，该图也是管线处理引擎的第一幅示意图。

其中，处理引擎流式结构包含了两个阶段，具体如下：

❑　创建简单的 Kafka worker，并读取 Kafka 中的 input-messages topic，同时将事件写入另一个 topic 中。

❑　修改 Kafka worker 并进行验证。

下面处理第一个步骤，即创建一个 Kafka worker，并从 input-messages topic 中读取单一的原始消息。从 Kafka 的术语来看，此处需要使用到消费者。回忆一下，第 1 章曾创建了一个命令行生产者，并将事件写入一个 topic 中；同时还创建了一个命令行消费者，并从该 topic 中读取事件。接下来将利用 Java 对这一消费者进行编码。

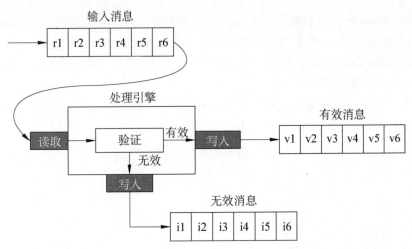

图 2.1　处理引擎从 input-messages topic 中读取事件，验证消息并将有缺陷的消息路由到

invalid-messages topic 中，将正确的消息路由到 valid-messages topic 中

在当前项目中，消费者定义为一个 Java 接口，其中涵盖了实现消费者所有类的全部所需行为。

在 src/main/java/monedero/目录中，生成一个名为 Consumer.java 的文件，其内容如程序清单 2.4 所示。

```java
程序清单 2.4  Consumer.java
package monedero;
import java.util.Properties;
public interface Consumer {
  static Properties createConfig(String servers, String groupId) {
    Properties config = new Properties();
    config.put("bootstrap.servers", servers);
    config.put("group.id", groupId);
    config.put("enable.auto.commit", "true");
    config.put("auto.commit.interval.ms", "1000");
    config.put("auto.offset.reset", "earliest");
    config.put("session.timeout.ms", "30000");
    config.put("key.deserializer",
      "org.apache.kafka.common.serialization.StringDeserializer");
    config.put("value.deserializer",
      "org.apache.kafka.common.serialization.StringDeserializer");
    return config;
  }
}
```

相应地，Consumer 接口封装了 Kafka 消费者中的公共行为。其中，Consumer 接口定义了 createConfig()方法，用于设置全部 Kafka 消费者所需的属性。需要注意的是，反序列化器表示为 StringDeserializer 类型，其原因在于，Kafka 消费者将读取 Kafka 键-值对，且对应值表示为字符串类型。

接下来，在 src/main/java/monedero/目录中创建名为 Reader.java 的文件，对应内容如程序清单 2.5 所示。

```java
程序清单 2.5  Reader.java
package monedero;
import org.apache.kafka.clients.consumer.ConsumerRecord;
import org.apache.kafka.clients.consumer.ConsumerRecords;
import org.apache.kafka.clients.consumer.KafkaConsumer;
import java.time.Duration;
import java.util.Collections;

class Reader implements Consumer {
  private final KafkaConsumer<String, String> consumer;        //1
  private final String topic;
  Reader(String servers, String groupId, String topic) {
    this.consumer =
      new KafkaConsumer<>(Consumer.createConfig(servers, groupId));
    this.topic = topic;
  }
  void run(Producer producer) {
    this.consumer.subscribe(Collections.singletonList(this.topic));//2
    while (true) {                                               //3
      ConsumerRecords<String, String> records =
        consumer.poll(Duration.ofMillis(100));                   //4
      for (ConsumerRecord<String, String> record : records) {
        producer.process(record.value());                       //5
      }
    }
  }
}
```

Reader 类实现了 Consumer 接口，因而定义为 Kafka 消费者，具体解释如下：

❑ 在//1 中，<String, String>表明 KafkaConsumer 读取 Kafka 记录。其中，键和值均表示为字符串类型。

❑ 在//2 中，消费者订阅在其构造函数中指定的 Kafka topic。

❑ 在//3 中，出于演示功能，此处设置了一个 while(true)无限循环；在实际操作过程中，需要采用更加健壮的代码对此进行处理，并实现 Runnable。

❑ 在//4 中，消费者将每隔 100 毫秒从指定 topic 中池化数据。

❑ 在//5 中，消费者发送消息，并由生产者予以处理。

消费者读取来自特定 Kafka topic 中的所有消息，并将其发送至特定生产者的处理方法中。再次强调，全部配置属性均在 Consumer 接口中加以指定。此处需要留意的是 groupId，该属性将当前消费者与特定的消费者分组进行关联。

当需要在所有分组成员中共享 topic 的事件时，消费者分组将十分有用。除此之外，消费者分组也可用于分组或隔离不同的实例。

2.5 向 Kafka 中写入数据

Reader 将调用 process()方法，该方法隶属于 Producer 类。类似于 Consumer 接口，Producer 接口封装了 Kafka 生产者的所有公共行为。本章中的两个生产者均实现了这一 Producer 接口。

Producer.java 文件中的内容如程序清单 2.6 所示，该文件位于 src/main/java/monedero 目录下。

```
                         程序清单 2.6 Producer.java
package monedero;
import java.util.Properties;
import org.apache.kafka.clients.producer.KafkaProducer;
import org.apache.kafka.clients.producer.ProducerRecord;

public interface Producer {
  void process(String message);                              //1
  static void write(KafkaProducer<String, String> producer,
                    String topic, String message) {         //2
    ProducerRecord<String, String> pr = new ProducerRecord<>(topic,
      message);
    producer.send(pr);
  }
  static Properties createConfig(String servers) {          //3
    Properties config = new Properties();
    config.put("bootstrap.servers", servers);
    config.put("acks", "all");
    config.put("retries", 0);
    config.put("batch.size", 1000);
    config.put("linger.ms", 1);
```

```
    config.put("key.serializer",
      "org.apache.kafka.common.serialization.StringSerializer");
    config.put("value.serializer",
      "org.apache.kafka.common.serialization.StringSerializer");
    return config;
  }
}
```

Producer 接口定义了下列方法：

❑　在 Reader 类中被调用的 process 抽象方法。

❑　write 静态方法，该方法向指定 topic 中的生产者发送一条消息。

❑　createConfig 静态方法，该方法针对通用生产者设置全部所需的属性。

类似于 Consumer 接口，这里也需要实现 Producer 接口。在第一个版本中，我们仅向另一个 topic 中传递输入消息，且不对该消息做任何修改。对应的代码实现如程序清单 2.7 所示，且需要保存于 src/main/java/m 目录下的 Writer.java 文件中。

```
                        程序清单2.7  Writer.java
package monedero;
import org.apache.kafka.clients.producer.KafkaProducer;
public class Writer implements Producer {
  private final KafkaProducer<String, String> producer;
  private final String topic;
  Writer(String servers, String topic) {
    this.producer = new KafkaProducer<>(
        Producer.createConfig(servers));                    //1
    this.topic = topic;
  }
  @Override
  public void process(String message) {
    Producer.write(this.producer, this.topic, message);//2
  }
}
```

Producer 类实现中包含了以下内容：

❑　调用 createConfig()方法设置 Producer 接口中的所需属性。

❑　process()方法将每条输入消息写入输出 topic 中。当消息从 topic 到达时，它被发送到目标 topic 中。

Producer 的实现过程较为简单，它并不修改、验证或充实消息，仅是将其写入输出 topic 中。

关于 Kafka Producer API，读者可访问 https://kafka.apache.org/0110/javadoc/index.html?org/

apache/kafka/clients/consumer/KafkaProducer.html 以了解更多内容。

2.6 运行处理引擎

ProcessingEngine 类用于协调 Reader 类和 Writer 类，对此，ProcessingEngine 类中定义了一个 main()方法。在 src/main/java/monedero/目录中创建一个名为 ProcessingEngine.java 的新文件，并将程序清单 2.8 复制于其中。

程序清单 2.8 ProcessingEngine.java

```java
package monedero;
public class ProcessingEngine {
  public static void main(String[] args) {
    String servers = args[0];
    String groupId = args[1];
    String sourceTopic = args[2];
    String targetTopic = args[3];
    Reader reader = new Reader(servers, groupId, sourceTopic);
    Writer writer = new Writer(servers, targetTopic);
    reader.run(writer);
  }
}
```

其中，ProcessingEngine 从命令行中接收 4 个参数，具体如下：

❑ args[0] servers：表示 Kafka 代理的主机和端口。

❑ args[1] groupId：表示为消费者分组。

❑ args[2] sourceTopic：Reader 读取的 inputTopic。

❑ args[3] targetTopic：Writer 写入的 outputTopic。

当构建项目时，可在 monedero 目录下运行下列命令：

```
$ gradle jar
```

如果一切顺利，对应输出结果如下所示。

```
...
BUILD SUCCESSFUL
...
```

当运行项目时，需要打开 3 个不同的命令行窗口，如图 2.2 所示。

（1）在第一个命令行（即消息生产者）终端中，访问 Confluent 目录并启动 confluent，如下所示。

```
$ bin/confluent start
```

图 2.2　测试处理引擎的 3 个终端窗口，即消息生产者、消息消费者和应用程序自身

（2）当控制中心（包含 Zookeeper 和 Kafka）运行于同一命令行终端时，可创建两个 topic，如下所示。

```
$ bin/kafka-topics --create --zookeeper localhost:2181 --
replication-factor 1 --partitions 1 --topic input-topic

$ bin/kafka-topics --create --zookeeper localhost:2181 --
replication-factor 1 --partitions 1 --topic output-topic
```

回忆一下，当显示运行于集群类型中的 topic 时，可使用下列命令：

```
$ bin/kafka-topics --list --zookeeper localhost:2181
```

如果发生输入错误并打算删除某个 topic（以防万一），则可输入下列命令：

```
$ bin/kafka-topics --delete --zookeeper localhost:2181 --topic
unWantedTopic
```

（3）在同一个命令行终端中，启动运行于 input-topic 上的控制台生产者，如下所示。

```
$ bin/kafka-console-producer --broker-list localhost:9092 --topic
input-topic
```

"消息生产者"终端窗口为输入消息的位置。

（4）在第二个命令行（即消息消费者）终端中，启动一个监听 output-topic 的控制台消费者，如下所示。

```
$ bin/kafka-console-consumer --bootstrap-server localhost:9092 --
from-beginning --topic output-topic
```

（5）在第三个命令行（即命令执行器）终端中，启动当前处理引擎。对此，须访问根目录，并于其中执行 gradle jar 命令，如下所示。

```
$ java -jar ./build/libs/monedero-0.1.0.jar localhost:9092 foo
input-topic output-topic
```

当前，将从 input-topic 中读取全部事件，并将其写入 output-topic 中。

访问第一个命令行终端（即消息生产者），并发送下列 3 个消息（需要注意的是，在消息之间要按 Enter 键并在一行中执行每个消息）。

{"event": "CUSTOMER_CONSULTS_ETHPRICE", "customer": {"id": "14862768",
"name": "Snowden, Edward", "ipAddress": "95.31.18.111"}, "currency":
{"name": "ethereum","price": "RUB"},"timestamp": "2018-09-28T09:09:09Z"}

{"event": "CUSTOMER_CONSULTS_ETHPRICE", "customer": {"id": "13548310",
"name": "Assange, Julian", "ipAddress": "185.86.151.11"}, "currency":
{"name": "ethereum","price": "EUR"}, "timestamp": "2018-09-28T08:08:14Z"}

{"event": "CUSTOMER_CONSULTS_ETHPRICE", "customer": {"id": "15887564",
"name": "Mills, Lindsay", "ipAddress": "186.46.129.15"}, "currency":
{"name": "ethereum", "price": "USD"},
"timestamp": "2018-09-28T19:51:35Z"}

如果一切顺利，输入控制台生产者中的消息将显示于控制台消费者窗口中——处理引擎从 input-topic 中复制至 output-topic 中。

接下来将讨论更为复杂的版本，涉及消息验证（本章内容）、消息填充（参见第 3 章）以及消息转换（参见第 4 章）。

遵循第 1 章提出的建议，复制因子和分区参数均设置为 1。当然，读者也可尝试设置不同值，并查看最终的结果。

2.7　验证器的 Java 编码

Writer 类实现了 Producer 接口，其主要思想是修改 Writer 类，并利用最小的工作量定义一个验证类。相应地，Validator 类涵盖以下内容：

❑　从 input-messages topic 中读取 Kafka 消息。

❑　验证该消息，并将有缺陷的消息发送到 invalid-messages topic 中。

❑　将组织良好的消息写入 valid-messages topic 中。

在当前示例中，有效消息的定义为消息 t0，其应用方式如下：

❑　该消息为 JSON 格式。

❑　涵盖了 4 个所需的字段，即事件、消费者、货币和时间戳。

如果上述条件未得以满足，将会生成 JSON 格式的错误消息，同时将其发送至无效消息 Kafka topic 中。该错误消息的模式较为简单，如下所示。

{"error": "Failure description"}

第一步是在 src/main/java/monedero/ 目录中生成 Validator.java 文件，并向其中复制程

序清单 2.9 中的代码。

```
                              程序清单 2.9  Validator.java
package monedero;
import com.fasterxml.jackson.databind.JsonNode;
import com.fasterxml.jackson.databind.ObjectMapper;
import org.apache.kafka.clients.producer.KafkaProducer;
import java.io.IOException;

public class Validator implements Producer {
  private final KafkaProducer<String, String> producer;
  private final String validMessages;
  private final String invalidMessages;
  private static final ObjectMapper MAPPER = new ObjectMapper();
  public Validator(String servers, String validMessages, String
    invalidMessages) {                                           //1
    this.producer = new
      KafkaProducer<>(Producer.createConfig(servers));
    this.validMessages = validMessages;
    this.invalidMessages = invalidMessages;
  }
  @Override
  public void process(String message) {
    try {
      JsonNode root = MAPPER.readTree(message);
      String error = "";
      error = error.concat(validate(root, "event"));        //2
      error = error.concat(validate(root, "customer"));
      error = error.concat(validate(root, "currency"));
      error = error.concat(validate(root, "timestamp"));
      if (error.length() > 0) {
        Producer.write(this.producer, this.invalidMessages, //3
        "{\"error\": \" " + error + "\"}");
      } else {
        Producer.write(this.producer, this.validMessages,   //4
        MAPPER.writeValueAsString(root));
      }
    } catch (IOException e) {
      Producer.write(this.producer, this.invalidMessages,
      "{\"error\": \""+ e.getClass().getSimpleName() + ": " +
      e.getMessage() + "\"}");                               //5
    }
  }
```

```
  private String validate(JsonNode root, String path) {
    if (!root.has(path)) {
      return path.concat(" is missing. ");
    }
    JsonNode node = root.path(path);
    if (node.isMissingNode()) {
      return path.concat(" is missing. ");
    }
    return "";
  }
}
```

类似于 Writer 类，Validator 类也实现了 Producer 类，但还涉及以下内容：

❑ 在//1 行中，构造函数接收两个 topic：有效消息 topic 和无效消息 topic。

❑ 在//2 行中，处理方法将验证以下事实：消息是否为 JSON 格式；是否存在事件、客户、货币和时间戳字段。

❑ 在//3 行中，若消息未包含所需字段，错误消息将被发送至无效消息 topic 中。

❑ 在//4 行中，若消息有效，该消息将被发送至有效消息 topic 中。

❑ 在//5 行中，若消息并非是 JSON 格式，错误消息将被发送至无效消息 topic 中。

2.8　运行验证

当前，ProcessingEngine 类将协调 Reader 类和 Writer 类，并对此定义了 main()方法。随后，我们需要编辑 src/main/java/monedero/目录下的 ProcessingEngine 类，并利用 Validator 类修改 Writer 类，如程序清单 2.10 所示。

程序清单 2.10　ProcessingEngine.java

```
package monedero;
public class ProcessingEngine {
  public static void main(String[] args) {
    String servers = args[0];
    String groupId = args[1];
    String inputTopic = args[2];
    String validTopic = args[3];
    String invalidTopic = args[4];
    Reader reader = new Reader(servers, groupId, inputTopic);
    Validator validator = new Validator(servers, validTopic, invalidTopic);
    reader.run(validator);
  }
}
```

ProcessingEngine 类从命令行中接收 5 个参数，具体如下：

- ❑ args[0] servers：表示 Kafka 代理的主机和端口。
- ❑ args[1] groupId：表示当前消费者为 Kafka 消费者分组中的一部分。
- ❑ args[2] inputTopic：表示 Reader 读取的 topic。
- ❑ args[3] validTopic：表示有效消息所发送的 topic。
- ❑ args[4] invalidTopic：表示无效消息所发送的 topic。

当重建 monedero 目录中的当前项目时，可运行下列命令：

```
$ gradle jar
```

如果一切顺利，对应的输出结果如下所示。

```
...
BUILD SUCCESSFUL
...
```

运行当前项目时，需要 4 个不同的命令行窗口，图 2.3 显示了命令行窗口的排列状态。

图 2.3　测试处理引擎的 4 个终端窗口，即消息生产者、有效消息消费者、
无效消息消费者以及处理引擎

（1）在第一个命令行（即消息生产者）终端中，访问 Kafka 安装目录，并生成以下两个 topic：

```
$ bin/kafka-topics --create --zookeeper localhost:2181 --
replication-factor 1 --partitions 1 --topic valid-messages

$ bin/kafka-topics --create --zookeeper localhost:2181 --
replication-factor 1 --partitions 1 --topic invalid-messages
```

接下来，启动控制台生成器至 input-topic 中，如下所示。

```
$ bin/kafka-console-producer --broker-list localhost:9092 --topic
```

```
input-topic
```

"消息生产者"终端窗口将是输入消息生成（输入）的位置。

（2）在第二个命令行（即有效消息消费者）终端中，启动监听有效消息 topic 的命令行消费者，如下所示。

```
$ bin/kafka-console-consumer --bootstrap-server localhost:9092 --
from-beginning --topic valid-messages
```

（3）在第三个命令行（即无效消息消费者）终端中，启动监听无效消息 topic 的命令行消费者，如下所示。

```
$ bin/kafka-console-consumer --bootstrap-server localhost:9092 --
from-beginning --topic invalid-messages
```

（4）在第四个命令行（即处理引擎）终端中，启动处理引擎。在项目的根目录中（于其中执行 gradle jar 命令），运行下列命令：

```
$ java -jar ./build/libs/monedero-0.1.0.jar localhost:9092 foo
input-topic valid-messages invalid-messages
```

在第一个命令行终端中（即控制台生产者），发送以下 3 条消息（需要注意的是，在消息之间要按 Enter 键，并逐行执行每条消息）：

```
{"event": "CUSTOMER_CONSULTS_ETHPRICE", "customer": {"id": "14862768",
"name": "Snowden, Edward", "ipAddress": "95.31.18.111"}, "currency":
{"name": "ethereum", "price": "RUB"},
"timestamp": "2018-09-28T09:09:09Z"}

{"event": "CUSTOMER_CONSULTS_ETHPRICE", "customer": {"id": "13548310",
"name": "Assange, Julian", "ipAddress": "185.86.151.11"}, "currency":
{"name": "ethereum", "price": "EUR"},
"timestamp": "2018-09-28T08:08:14Z"}

{"event": "CUSTOMER_CONSULTS_ETHPRICE", "customer": {"id": "15887564",
"name": "Mills, Lindsay", "ipAddress": "186.46.129.15"}, "currency":
{"name": "ethereum", "price": "USD"},
"timestamp": "2018-09-28T19:51:35Z"}
```

鉴于上述消息均为有效消息，因而在生产者控制台中输入的消息将显示在有效消息消费者控制台窗口中。

下面尝试发送带有缺陷的消息。首先尝试非 JSON 格式的消息，如下所示。

```
I am not JSON, I am Freedy. [enter]
```

```
I am a Kafkeeter! [enter]
```

该消息将在无效消息 topic 中被接收（并显示于对应的窗口中），如下所示。

```
{"error": "JsonParseException: Unrecognized token ' I am not JSON, I am
Freedy.': was expecting 'null','true', 'false' or NaN
at [Source: I am not JSON, I am Freedy.; line: 1, column: 4]"}
```

下面尝试一些较为复杂的内容，下列是一条缺少相应的时间戳的消息：

```
{"event": "CUSTOMER_CONSULTS_ETHPRICE", "customer": {"id": "14862768",
"name": "Snowden, Edward", "ipAddress": "95.31.18.111"}, "currency":
{"name": "ethereum", "price": "RUB"}}
```

该消息应在无效消息 topic 中被接收，如下所示。

```
{"error": "timestamp is missing."}
```

该消息的验证过程已实施完毕，但验证内容远不止于此。例如，还可对 JSON 模式进行验证，这将在第 5 章中加以讨论。

另外，图 2.1 中描述的结构示意图还将在第 3 章中使用。

2.9　本章小结

本章学习了如何对 JSON 格式的消息进行建模，以及如何利用 Gradle 配置 Kafka 项目。

除此之外，本章还讨论了如何利用 Java 客户端实现 Kafka 的读写操作、如何运行处理引擎、如何利用 Java 对验证器进行编码，以及如何运行消息验证操作。

在第 3 章中，将重新设计本章中的架构，同时还将与消息增强进行整合。

第 3 章　消息增强

为了真正地理解本章内容，建议读者首先阅读前述章节，尤其是事件验证方面的内容。本章主要讨论如何丰富事件的内容。

本章将继续使用 Monedero 系统，这是一家虚拟的公司，主要从事加密货币交易。在第 2 章中曾讨论到，Monedero 中的消息均已经过验证；本章将在此基础上向其中添加更多的增强步骤。

在当前上下文中，增强可理解为添加原始消息中不曾存在的附加数据。本章将采用 MaxMind 数据库并通过地理位置进一步丰富消息内容，除此之外，还将利用 Open Exchange 数据析取汇率的当前值。之前曾讨论到，针对 Monedero 建模的事件均包含了客户计算机的 IP 地址。

在本章中，我们还将使用免费的 MaxMind 数据库所提供的 API，其中包含了 IP 地址与地理位置间的 IP 映射。

Monedero 公司所采用的系统将在 MaxMind 数据库中搜索客户的 IP 地址，以确定客户在向我们的系统发出请求时的位置。使用源自外部源的数据并将其添加至事件中，这一过程称之为消息增强。

在加密货币世界中，同样也会颁发数字货币许可证。也就是说，某些地区将受到法律约束，无法从事加密货币等活动。

对此，法律部门要求设置一个验证过滤器，以了解客户的地理位置，从而能够遵守数字货币许可证中的相关条款。数字货币许可证自 2014 年 7 月起在纽约地区颁发，并适用于当地人士。根据该法律条款，当地人士是指居住在纽约州、具有正规经营场所或从事正当经营活动的居民。

本章主要涉及以下主题：
- ❑ 析取工作。
- ❑ 增强工作。
- ❑ 针对给定的 IP 地址获取位置信息。
- ❑ 获取给定货币的货币价格。
- ❑ 获取给定地理位置的天气情况。
- ❑ 利用地理位置进一步充实消息。
- ❑ 利用货币价格丰富消息内容。
- ❑ 运行处理引擎。

3.1　获取地理位置

打开第 2 章创建的 Monedero 项目中的 build.gradle 文件，并添加如程序清单 3.1 所示的内容。

程序清单 3.1　build.gradle 文件

```
apply plugin: 'java'
apply plugin: 'application'
sourceCompatibility = '1.8'
mainClassName = 'monedero.ProcessingEngine'
repositories {
  mavenCentral()
}
version = '0.2.0'
dependencies {
  compile group: 'org.apache.kafka', name: 'kafka_2.12', version:'2.0.0'
  compile group: 'com.maxmind.geoip', name: 'geoip-api', version:'1.3.1'
  compile group: 'com.fasterxml.jackson.core', name: 'jackson-core',
    version: '2.9.7'
}
jar {
  manifest {
    attributes 'Main-Class': mainClassName
  } from {
    configurations.compile.collect {
      it.isDirectory() ? it : zipTree(it)
    }
  }
  exclude "META-INF/*.SF"
  exclude "META-INF/*.DSA"
  exclude "META-INF/*.RSA"
}
```

需要注意的是，代码中的第一个变化是将版本 0.1.0 切换至版本 0.2.0。

第二个变化是向项目中添加 MaxMind 的 GeoIP 1.3.1 版本。

在项目的根目录中，运行下列命令并重新构建应用程序：

```
$ gradle jar
```

对应的输出结果如下所示。

```
...BUILD SUCCESSFUL in 8s
2 actionable tasks: 2 executed
```

当下载免费的 MaxMind GeoIP 数据库副本时，可执行下列命令：

```
$ wget
"http://geolite.maxmind.com/download/geoip/database/GeoLiteCity.
dat.gz"
```

运行下列命令解压缩文件：

```
$ gunzip GeoLiteCity.dat.gz
```

相应地，将 GeoLiteCity.dat 文件移动到程序可访问的路径中。

接下来，将 GeoIPService.java 文件添加到 src/main/java/monedero/extractors 目录中，该文件如程序清单 3.2 所示。

```
            程序清单 3.2  GeoIPService.java 文件
package monedero.extractors;
import com.maxmind.geoip.Location;
import com.maxmind.geoip.LookupService;
import java.io.IOException;
import java.util.logging.Level;
import java.util.logging.Logger;
public final class GeoIPService {
  private static final String MAXMINDDB =
    "/path_to_your_GeoLiteCity.dat_file";
  public Location getLocation(String ipAddress) {
    try {
      final LookupService maxmind =
        new LookupService(MAXMINDDB, LookupService.GEOIP_MEMORY_CACHE);
      return maxmind.getLocation(ipAddress);
    } catch (IOException ex) {
      Logger.getLogger(GeoIPService.class.getName()).log(Level.SEVERE,
                                               null, ex);
    }
    return null;
  }
}
```

在 GeoIPService 类中定义了 getLocation()方法，用于接收字符串表达形式的 IP 地址，并在 GeoIP 位置数据库中查找该 IP 地址。该方法返回类位置对象，其中包含了特定 IP 地址的地理位置。

某些时候，一些要求较高的用户会关注该数据库的最新版本。对此，时常关注下载问题并不是一种较好的方法，MaxMind 通过一个 API 公开其服务，读者可访问 https://dev.maxmind.com/以了解更多内容。

关于数字货币许可证，读者可访问 http://www.dfs.ny.gov/legal/regulations/bitlicense_reg_framework.html 以了解更多内容。

3.2　增强消息

本节将再次考查 Monedero 处理引擎。其间，客户将在客户端浏览器中咨询 ETH 价格，并通过 HTTP 事件控制器发送至 Kafka。

当前工作流中的第一步是事件的正确性验证。如前所述，包含缺陷的消息一般来自问题数据——这也是过滤操作不可或缺的原因之一。随后，第二步则是利用地理位置信息充实当前消息内容。

Monedero 处理引擎的整体步骤如下所示。

（1）从 Kafka 的 input-messages topic 中读取单个事件。

（2）验证该消息，将任何带有缺陷的事件发送至 Kafka 中专有的 invalid-messages topic 中。

（3）利用地理位置信息充实该消息。

（4）将增强后的消息写入名为 valid-messages 的 Kafka topic 中。

图 3.1 显示了第 2 版本的流处理引擎的各项操作步骤。

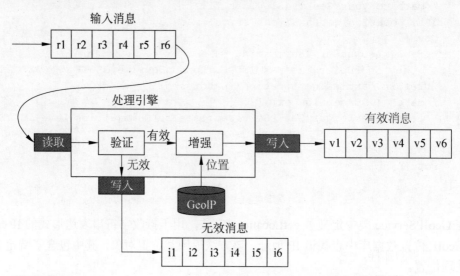

图 3.1　处理引擎从 input-messages topic 中读取事件；验证消息；将错误发送至 invalid-messages topic 中；
利用地理位置信息充实当前消息；随后将其写入 valid-messages topic 中

接下来在 src/main/java/monedero/目录中创建一个名为 Enricher.java 的文件，对应内容如程序清单 3.3 所示。

程序清单 3.3　Enricher.java 文件

```java
package monedero;

import com.fasterxml.jackson.databind.JsonNode;
import com.fasterxml.jackson.databind.ObjectMapper;
import com.fasterxml.jackson.databind.node.ObjectNode;
import com.maxmind.geoip.Location;
import monedero.extractors.GeoIPService;
import org.apache.kafka.clients.producer.KafkaProducer;
import java.io.IOException;

public final class Enricher implements Producer {
  private final KafkaProducer<String, String> producer;
  private final String validMessages;
  private final String invalidMessages;
  private static final ObjectMapper MAPPER = new ObjectMapper();
  public Enricher(String servers, String validMessages, String
    invalidMessages) {
    this.producer = new KafkaProducer<>
      (Producer.createConfig(servers));
    this.validMessages = validMessages;
    this.invalidMessages = invalidMessages;
  }
  @Override
  public void process(String message) {
    try {
      // this method below is filled below
    } catch (IOException e) {
      Producer.write(this.producer, this.invalidMessages,
        "{\"error\": \""+ e.getClass().getSimpleName() + ": " +
        e.getMessage() + "\"}");
    }
  }
}
```

正如期望的那样，Enricher 类实现了 Producer 接口。因此，Enricher 是一个 Producer。下面考查 process()方法中的代码。

如果客户消息并未包含 IP 地址，该消息将被自动发送至 invalid-messages topic 中，如下所示。

```
final JsonNode root = MAPPER.readTree(message);
final JsonNode ipAddressNode =
  root.path("customer").path("ipAddress");
if (ipAddressNode.isMissingNode()) {
  Producer.write(this.producer, this.invalidMessages,
    "{\"error\": \"customer.ipAddress is missing\"}");
} else {
  final String ipAddress = ipAddressNode.textValue();
```

其间，Enricher 类调用了 GeoIPService 的 getLocation()方法，如下所示。

```
final Location location = new GeoIPService().getLocation(ipAddress);
```

国家和具体城市名将添加至客户消息中，如下所示。

```
((ObjectNode) root).with("customer").put("country",
    location.countryName);
((ObjectNode) root).with("customer").put("city",
    location.city);
```

随后，经增强后的消息将写入 valid-messages 中，如下所示。

```
Producer.write(this.producer, this.validMessages,
  MAPPER.writeValueAsString(root));
}
```

需要注意的是，位置对象涵盖了更多的有趣信息。在当前示例中，我们仅析取了城市和国家信息。除此之外，MaxMind 数据库还可提供更加丰富的数据。实际上，在线 API 可准确地显示对应的 IP 地址。

另外还需要注意的是，此处设置了一个较为简单的验证操作；本章还将对该模式的准确性采取进一步的验证。届时，还会考查系统所缺失的其他验证行为，进而满足业务需求条件。

3.3　析取货币价格

当前，Monedero 包含了一项服务，并可对形式良好的消息进行验证。另外，该服务还利用了客户的地理位置信息进一步充实了消息内容。

回忆一下，Monedero 的核心业务为加密货币交易。因此，该业务须设置相关任务，并以在线方式返回所需的货币价格。

对此，可访问 https://openexchangerates.org/以获取当前开放汇率。

要获得一个免费的 API 密钥，用户需要在 free plan 中进行注册；随后可利用该密钥访问免费 API。

接下来在 src/main/java/monedero/extractors 目录中创建一个名为 OpenExchangeService. java 的文件，对应内容如程序清单 3.4 所示。

```java
程序清单3.4  OpenExchangeService.java 的文件
package monedero.extractors;
import com.fasterxml.jackson.databind.JsonNode;
import com.fasterxml.jackson.databind.ObjectMapper;
import java.io.IOException;
import java.net.URL;
import java.util.logging.Level;
import java.util.logging.Logger;

public final class OpenExchangeService {
  private static final String API_KEY = "YOUR_API_KEY_VALUE_HERE"; //1
  private static final ObjectMapper MAPPER = new ObjectMapper();
  public double getPrice(String currency) {
    try {
      final URL url = new
      URL("https://openexchangerates.org/api/latest.json?app_id=" +
          API_KEY);                                                 //2
      final JsonNode root = MAPPER.readTree(url);
      final JsonNode node = root.path("rates").path(currency);      //3
      return Double.parseDouble(node.toString());                  //4
    } catch (IOException ex) {
      Logger.getLogger(OpenExchangeService.class.getName()).log(
        Level.SEVERE,null, ex);
    }
    return 0;
  }
}
```

OpenExchangeService 类中的某些代码行解释如下：

❑ 在//1 行中，当在开放汇率页面中注册后，将分配一个 API_KEY。注意，free plan 规定了 1000 次请求/月。

❑ 在//2 行中，当前类将利用 API_KEY 调用开放汇率 API URL。当查看即时价格时，可访问 https://openexchangerates.org/api/latest.json?app_id=YOUR_API_KEY（通过密钥的请求计次）。

❑ 在//3 行中，作为参数传递的货币字符串将在返回的 Web 页面的 JSON 树中进行搜索。

❑ 在//4 行中，作为参数传递的货币价格（美元）将作为双精度值被返回。

JSON 包含了多种解析方式，本书后续内容还将对此加以解释。针对当前示例，我们采用 Jackson 解析 JSON。对此，读者可访问 https://github.com/FasterXML 以了解更多信息。

　　类似于 MaxMind 地理位置服务，开放汇率同样通过其 API 公开了相关服务。关于这一话题，读者可访问 https://docs.openexchangerates.org/以了解更多内容。

　　当前示例使用了开放汇率的 free plan，如果需要获取不限次数的 API，可访问 https://openexchangerates.org/signup 以查看其他方案。

3.4　利用货币价格充实消息

　　下面简要回顾一下前述各项操作。第一步是客户咨询 ETH 价格事件，并启动客户端的 Web 浏览器，通过 HTTP 事件控制器分发至 Kafka 中；第二步是利用 MaxMind 数据库的地理位置信息实现消息增强；第三步是利用开放汇率服务中的货币价格进一步丰富消息内容。

　　综上所述，Monedero 处理引擎的整体步骤如下：

❑　　从 Kafka 的 input-messages topic 中读取单一事件。

❑　　验证消息，并将含有缺陷的事件发送至名为 invalid-messages 的特定 Kafka topic 中。

❑　　利用源自 MaxMind 数据库中的地理位置信息丰富消息内容。

❑　　利用开放汇率服务提供的货币价格丰富消息内容。

❑　　将增强后的消息写入名为 valid-messages 的 Kafka topic 中。

图 3.2 显示了流处理引擎的最终版本。

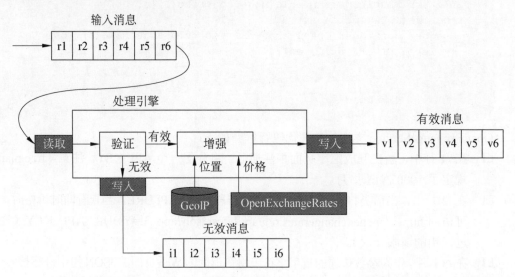

图 3.2　处理引擎读取来自 input-messages topic 的消息；验证消息；将含有缺陷的事件发送至无效消息队列中；利用地理位置信息和价格增强消息；最后，将其写入有效消息队列中

在向引擎中添加开放汇率服务时，可修改 src/main/java/monedero/目录下的 Enricher.java 文件，如程序清单 3.5 所示。

```
                程序清单 3.5  Enricher.java 文件
package monedero;
import com.fasterxml.jackson.databind.JsonNode;
import com.fasterxml.jackson.databind.ObjectMapper;
import com.fasterxml.jackson.databind.node.ObjectNode;
import com.maxmind.geoip.Location;
import monedero.extractors.GeoIPService;
import monedero.extractors.OpenExchangeService;                    //1
import org.apache.kafka.clients.producer.KafkaProducer;
import java.io.IOException;

public final class Enricher implements Producer {
  private final KafkaProducer<String, String> producer;
  private final String validMessages;
  private final String invalidMessages;
  private static final ObjectMapper MAPPER = new ObjectMapper();
  public Enricher(String servers, String validMessages, String
    invalidMessages) {
    this.producer = new
      KafkaProducer<>(Producer.createConfig(servers));
    this.validMessages = validMessages;
    this.invalidMessages = invalidMessages;
  }
  @Override
  public void process(String message) {
    try {
      final JsonNode root = MAPPER.readTree(message);
      final JsonNode ipAddressNode =
        root.path("customer").path("ipAddress");
      if (ipAddressNode.isMissingNode()) {                         //2
        Producer.write(this.producer, this.invalidMessages,
          "{\"error\": \"customer.ipAddress is missing\"}");
      } else {
        final String ipAddress = ipAddressNode.textValue();
        final Location location = new
        GeoIPService().getLocation(ipAddress);
        ((ObjectNode) root).with("customer").put("country",
          location.countryName);
        ((ObjectNode) root).with("customer").put("city",
          location.city);
```

```
      final OpenExchangeService oes = new OpenExchangeService(); //3
      ((ObjectNode) root).with("currency").put("rate",
        oes.getPrice("BTC"));                                    //4
      Producer.write(this.producer, this.validMessages,
        MAPPER.writeValueAsString(root));                        //5
    }
  } catch (IOException e) {
    Producer.write(this.producer, this.invalidMessages,
      "{\"error\": \""+ e.getClass().getSimpleName() + ": " +
      e.getMessage() + "\"}");
  }
  }
}
```

如前所述，Enricher 类定义为 Kafka 生产者，其他内容的相关分析如下：

❑ 在//1 行中，将引入之前构建的 OpenExchangeService。

❑ 在//2 行中，为了避免后续的 null 指针异常，如果消息未包含有效的客户 IP 地址，该消息将自动被发送至 invalid-messages 队列中。

❑ 在//3 行中，将生成一个 OpenExchangeService 类实例，即解析器。

❑ 在//4 行中，将调用 OpenExchangeService 类中的 getPrice()方法，对应值将添加至当前消息中，即货币价格将添加至 currency 节点中。

❑ 在//5 行中，增强后的消息将写入 valid-messages 队列中。

这也是 Monedero 增强引擎的最终版本。可以看到，当前管线架构将解析器用作增强器的输入。接下来，我们将考查如何运行整体项目。

需要注意的是，JSON 响应结果涵盖了许多信息。针对当前示例，仅使用到了货币价格。除此之外，还存在多种免费的开放数据推荐方案，同时提供了大量的基于在线和历史数据的免费存储库。

3.5　运行引擎

本节将对最终版本的 Enricher 进行编码，并对其进行编译和执行。

前述内容曾有所提及，ProcessingEngine 类定义了 main()方法，并协调 Reader 类和 Writer 类。下面修改 src/main/java/monedero/目录下的 ProcessingEngine.java 文件，并利用 Enricher 替换 Validator，如程序清单 3.6 所示。

程序清单 3.6　ProcessingEngine.java
```
package monedero;
public class ProcessingEngine {
```

```
public static void main(String[] args){
    String servers = args[0];
    String groupId = args[1];
    String sourceTopic = args[2];
    String validTopic = args[3];
    String invalidTopic = args[4];
    Reader reader = new Reader(servers, groupId, sourceTopic);
    Enricher enricher = new Enricher(servers, validTopic, invalidTopic);
    reader.run(enricher);
    }
}
```

处理引擎从命令行中接收下列 5 个参数：

❑ args[0] servers：表示 Kafka 代理的主机和端口。

❑ args[1] groupId：表示当前消费者是 Kafka 消费者分组中的一部分。

❑ args[2] sourceTopic：表示读取器读取的 topic。

❑ args[3] validTopic：表示有效消息发送的 topic。

❑ args[4] invalidTopic：表示无效消息发送的 topic。

重新构建 monedero 目录中的当前项目，并运行下列命令：

```
$ gradle jar
```

如果一切顺利，对应的输出结果如下所示。

```
...
BUILD SUCCESSFUL in 8s
2 actionable tasks: 2 executed
```

当运行当前项目时，需要使用到 4 个不同的命令行窗口，图 3.3 显示了命令行窗口的排列状态。

图 3.3　测试处理引擎的 4 个终端窗口，其中包括：消息生产者、有效消息消费者、
无效消息消费者以及处理引擎

（1）在第一个命令行终端窗口中，访问 Kafka 的安装目录，并生成两个 topic，如下所示。

```
$ bin/kafka-topics --create --zookeeper localhost:2181 --
replication-factor 1 --
partitions 1 --topic valid-messages

$ bin/kafka-topics --create --zookeeper localhost:2181 --
replication-factor 1 --
partitions 1 --topic invalid-messages
```

随后，针对 input-topic 启动控制台生产者，如下所示。

```
$ bin/kafka-console-producer --broker-list localhost:9092 --topic
input-topic
```

"消息生产者"终端窗口是生成（输入）输入消息之处。

（2）在第二个命令行终端窗口中，启动监听 valid-messages topic 的命令行消费者，如下所示。

```
$ bin/kafka-console-consumer --bootstrap-server localhost:9092 --
from-beginning --topic valid-messages
```

（3）在第三个命令行终端窗口中，启动监听 invalid-messages topic 的命令行消费者，如下所示。

```
$ bin/kafka-console-consumer --bootstrap-server localhost:9092 --
from-beginning --topic invalid-messages
```

（4）在第四个命令行终端窗口中，启动处理引擎，并在根目录（即执行 gradle jar 命令之处）中运行下列命令：

```
$ java -jar ./build/libs/monedero-0.2.0.jar localhost:9092 foo
input-topic validmessages
invalid-messages
```

在第一个命令行终端窗口（即控制台生产者）中，发送下列 3 条消息（需要注意的是，应在消息间按 Enter 键，并逐行执行每条消息）：

```
{"event": "CUSTOMER_CONSULTS_ETHPRICE", "customer": {"id": "14862768",
"name": "Snowden, Edward", "ipAddress": "95.31.18.111"}, "currency":
{"name": "ethereum", "price": "USD"},
"timestamp": "2018-09-28T09:09:09Z"}
{"event": "CUSTOMER_CONSULTS_ETHPRICE", "customer": {"id": "13548310",
"name": "Assange, Julian", "ipAddress": "185.86.151.11"}, "currency":
```

{"name": "ethereum", "price": "USD"},
"timestamp": "2018-09-28T08:08:14Z"}
{"event": "CUSTOMER_CONSULTS_ETHPRICE", "customer": {"id": "15887564",
"name": "Mills, Lindsay", "ipAddress": "186.46.129.15"}, "currency":
{"name": "ethereum", "price": "USD"},
"timestamp": "2018-09-28T19:51:35Z"}

作为有效消息，此类在生产者控制台中输入的消息应显示于有效消息消费者控制台窗口中，如下所示。

{"event": "CUSTOMER_CONSULTS_ETHPRICE", "customer": {"id": "14862768",
"name": "Snowden, Edward", "ipAddress": "95.31.18.111", "country":"Russian
Federation","city":"Moscow"}, "currency": {"name": "ethereum", "price":
"USD", "rate":0.0049}, "timestamp": "2018-09-28T09:09:09Z"}
{"event": "CUSTOMER_CONSULTS_ETHPRICE", "customer": {"id": "13548310",
"name": "Assange, Julian", "ipAddress": "185.86.151.11", "country":"United
Kingdom","city":"London"}, "currency": {"name": "ethereum", "price": "USD",
"rate":0.049}, "timestamp": "2018-09-28T08:08:14Z"}
{"event": "CUSTOMER_CONSULTS_ETHPRICE", "customer": {"id": "15887564",
"name": "Mills, Lindsay", "ipAddress": "186.46.129.15",
"country":"Ecuador","city":"Quito"}, "currency": {"name": "ethereum",
"price": "USD", "rate":0.049}, "timestamp": "2018-09-28T19:51:35Z"}

3.6 析取天气数据

本章前述内容已经解决了从 IP 地址中获取地理位置这一问题。

本节将构建一个解析器，以供后续章节使用。假设我们需要了解给定地理位置处特定时间的气温值。对此，可使用 OpenWeatherService。

相应地，我们可访问 Open Weather 页面，对应网址为 https://openweathermap.org/。

在 free plan 中获取免费的 API 密钥，并以此访问免费的 API。

在 src/main/java/monedero/extractors 目录中创建一个名为 OpenWeatherService.java 的文件，如程序清单 3.7 所示。

```
                     程序清单 3.7  OpenWeatherService.java 文件
package monedero.extractors;
import com.fasterxml.jackson.databind.JsonNode;
import com.fasterxml.jackson.databind.ObjectMapper;
import java.io.IOException;
import java.net.URL;
import java.util.logging.Level;
```

```
import java.util.logging.Logger;

public class OpenWeatherService {
  private static final String API_KEY = "YOUR API_KEY_VALUE";      //1
  private static final ObjectMapper MAPPER = new ObjectMapper();
  public double getTemperature(String lat, String lon) {
    try {
      final URL url = new URL(
        "http://api.openweathermap.org/data/2.5/weather?lat=" + lat
        + "&lon="+ lon + "&units=metric&appid=" + API_KEY);       //2
      final JsonNode root = MAPPER.readTree(url);
      final JsonNode node = root.path("main").path("temp");        //3
      return Double.parseDouble(node.toString());
    } catch (IOException ex) {
      Logger.getLogger(OpenWeatherService.class.getName()).log(Level.
        SEVERE,null, ex);
    }
    return 0;
  }
}
```

OpenWeatherService 类中的公有方法 getTemperature()接收两个参数，即地理纬度和经度，并返回该地理位置的当前温度。如果指定了公制，则结果将以摄氏度为单位。

简而言之，上述代码涵盖了以下内容：

❑ 在//1 行中，我们使用到了 Open Weather API（通过 KEY 得到），并获得了 1000
次请求/月。

❑ 在//2 行中，检测特定地理位置的当前温度。对此，可打开 http://api.openweathermap.
org/data/2.5/weather?lat=LATlon=LONunits=metricappid=YOUR_ API_ KEY。

❑ 在//3 行中，上述 URL 返回的 JSON 将被解析并查找温度值。

除此之外，Open Weather 还通过 API 公开了其他服务。关于此类 API 的使用方式，
读者可访问 https://openweathermap.org/api 以了解更多内容。

3.7　本章小结

本章讨论了数据的析取方式、消息增强机制，以及如何针对给定的 IP 地址析取地理
位置。此外，本章还阐述了如何针对既定货币析取其价格，以及如何运行处理引擎。

第 4 章将讨论模式注册，并使用本章所构建的解析器。

第4章 序列化

在现代（互联网）计算中，我们经常忘记：实体必须从一台计算机传输到另一台计算机中。为了能够传输实体，必须首先对它们进行序列化。

序列化是将一个对象转换为字节流的过程，并用于计算机设备间的传输。

顾名思义，反序列化则是序列化的反向过程。也就是说，将字节流转换为一个对象，且通常来自接收消息的一方。Kafka 针对基本类型提供了序列化器和反序列化器（Serializer/Deserializer，SerDe），包括字节、整型、长整型、双精度型和字符串等。

同时，本章中还将介绍一家新的虚拟公司 Kioto，即 Kafka 物联网公司。

本章主要涉及以下主题：

- ❑ 如何构建 Java PlainProducer，即生产者和处理程序。
- ❑ 如何运行 Java PlainProducer 和处理程序。
- ❑ 如何构建自定义序列化器和反序列化器。
- ❑ 如何构建 Java CustomProducer，即消费者和处理程序。
- ❑ 如何运行 Java CustomProducer 和处理程序。

4.1 Kafka 物联网公司 Kioto

Kioto 是一家致力于能源生产和分销的虚构公司。在操作过程中，Kioto 配置了多台物联网设备。Kioto 需要利用 Apache Kafka 构建企业级服务总线，旨在管理物联网传感器接收的消息。Kioto 在多个地点安置了数百台机器，每分钟向企业服务总线发送数千条不同的信息。

如前所述，在 Kioto 的机器设备上安装了许多物联网设备，可以不断地向控制中心发送相应的状态信息。这些机器设备具备发电功能，Kioto 可以准确地知道机器设备的正常运行时间和状态（如运行、关机、启动等），这一点非常重要。

Kioto 还需要了解天气预报信息，因为一些机器设备无法在特定的温度下工作；一些机器设备在不同的温度环境下将会表现出不同的行为。另外，冷启动和热启动之间的差别也较大，因此在计算正常的运行时间时，启动时间将变得十分重要。为了确保连续供电，相关信息必须准确无误。面对电力故障等问题，较好的方法是在较高的温度环境下启动设备，而非在寒冷的条件下启动机器。

程序清单 4.1 显示了 JSON 格式的健康状态检测事件。

程序清单 4.1　healthcheck.json 文件

```json
{
  "event":"HEALTH_CHECK",
  "factory":"Duckburg",
  "serialNumber":"R2D2-C3P0",
  "type":"GEOTHERMAL",
  "status":"RUNNING",
  "lastStartedAt":"2017-09-04T17:27:28.747+0000",
  "temperature":31.5,
  "ipAddress":"192.166.197.213"}
}
```

上述 JSON 消息涵盖了以下属性：

❑ event：表示包含消息类型的字符串（此处为 HEALTH_CHECK）。

❑ factory：表示工厂所属的城市名。

❑ serialNumber：表示机器设备的序列号。

❑ type：表示机器设备的类型，例如 GEOTHERMAL、HYDROELECTRIC、NUCLEAR、WIND 或 SOLAR。

❑ status：表示生命周期中的一点，例如 RUNNING、SHUTTING-DOWN、SHUT-DOWN、STARTING。

❑ lastStartedAt：表示最近一次启动时间。

❑ temperature：表示机器设备温度的浮点数（摄氏度）。

❑ ipAddress：表示机器设备的 IP 地址。

可以看到，JSON 是一种人类可读的消息格式。

4.2　项目配置

第一步是构建 Kioto 项目。对此，可创建一个 kioto 目录，并于其中执行下列命令：

```
$ gradle init --type java-library
```

对应的输出结果如下所示。

```
Starting a Gradle Daemon (subsequent builds will be faster)
BUILD SUCCESSFUL in 3s
2 actionable tasks: 2 execute BUILD SUCCESSFUL
```

Gradle 在当前目录中创建了一个默认项目，其中包含了两个 Java 文件，即 Library.java 和 LibraryTest.java 文件，此处删除这两个文件。

当前目录内容如下所示。

```
- build.gradle
- gradle
  -- wrapper
     --- gradle-wrapper.jar
     --- gradle-vreapper.properties
- gradlew
- gradle.bat
- settings.gradle
- src
  -- main
     --- java
         ----- Library.java
  -- test
     --- java
         ----- LibraryTest.java
```

下面修改 build.gradle 文件，对应内容如程序清单 4.2 所示。

程序清单 4.2 build.gradle 文件

```
apply plugin: 'java'
apply plugin: 'application'
sourceCompatibility = '1.8'
mainClassName = 'kioto.ProcessingEngine'
repositories {
  mavenCentral()
  maven { url 'https://packages.confluent.io/maven/' }
}
version = '0.1.0'
dependencies {
  compile 'com.github.javafaker:javafaker:0.15'
  compile 'com.fasterxml.jackson.core:jackson-core:2.9.7'
  compile 'io.confluent:kafka-avro-serializer:5.0.0'
  compile 'org.apache.kafka:kafka_2.12:2.0.0'
}
jar {
  manifest {
    attributes 'Main-Class': mainClassName
  } from {
    configurations.compile.collect {
      it.isDirectory() ? it : zipTree(it)
    }
  }
```

```
  exclude "META-INF/*.SF"
  exclude "META-INF/*.DSA"
  exclude "META-INF/*.RSA"
}
```

下列内容展示了添加至当前应用程序中的一些库依赖关系：

❏　javafaker：表示 JavaFaker 所需的依赖关系。

❏　jackson-core：表示用于 JSON 解析和管理。

❏　kafka-avro-serializer：表示基于 Apache Avro 并在 Kafka 中序列化。

❏　kafka_2.12：表示 Apache Kafka 所需的依赖关系。

需要注意的是，当使用 kafka-avro-serializer 功能时，需要在 repositories 部分中添加 Confluent 存储库。

当编译当前项目并下载所属依赖关系时，可输入下列命令：

```
$ gradle compileJava
```

对应的输出结果如下所示。

```
BUILD SUCCESSFUL in 3s
1 actionable task: 1 executed
```

当前项目也可通过 Maven、SBT，甚至可从 IDE 中创建。但出于简单考虑，此处采用了 Gradle。针对于此，读者可访问下列网址以了解更多信息：

❏　Gradle 的主页：http://www.gradle.org。

❏　Maven 的主页：http://maven.apache.org。

❏　SBT 的主页：http://www.scala-sbt.org/。

❏　Jackson 的主页：https://github.com/FasterXML。

❏　JavaFaker 的主页：https://github.com/DiUS/java-faker。

4.3　Constants 类

第一步是编写 Constants 类。该类是一个静态类，包含了项目中所需的所有常量。

在 IDE 中打开当前项目，在 src/main/java/kioto 目录下创建一个名为 Constants.java 的文件，如程序清单 4.3 所示。

程序清单 4.3　Constants.java 文件

```
package kioto;
import com.fasterxml.jackson.databind.ObjectMapper;
import com.fasterxml.jackson.databind.SerializationFeature;
```

```
import com.fasterxml.jackson.databind.util.StdDateFormat;

public final class Constants {
  private static final ObjectMapper jsonMapper;
  static {
    ObjectMapper mapper = new ObjectMapper();
    mapper.disable(SerializationFeature.WRITE_DATES_AS_TIMESTAMPS);
    mapper.setDateFormat(new StdDateFormat());
    jsonMapper = mapper;
  }
  public static String getHealthChecksTopic() {
    return "healthchecks";
  }
  public static String getHealthChecksAvroTopic() {
    return "healthchecks-avro";
  }
  public static String getUptimesTopic() {
    return "uptimes";
  }
  public enum machineType {GEOTHERMAL, HYDROELECTRIC, NUCLEAR, WIND, SOLAR}
  public enum machineStatus {STARTING, RUNNING, SHUTTING_DOWN, SHUT_DOWN}
  public static ObjectMapper getJsonMapper() {
    return jsonMapper;
  }
}
```

Constants 类中还定义了一些方法以供后续操作使用，具体如下：

❑ getHealthChecksTopic：该方法返回健康状态检测输入 topic 的名称。

❑ getHealthChecksAvroTopic：该方法返回 topic 的名称，其中包含了 Avro 格式的健康状态检测结果。

❑ getUptimesTopic：该方法返回 uptimes topic 的名称。

❑ machineType：表示枚举（enum）类型，其中包含了 Kioto 的能源生产设备类型。

❑ machineStatus：表示枚举（enum）类型，其中包含了 Kioto 机器设备的状态类型。

❑ getJsonMapper：该方法返回用于 JSON 序列化的对象映射器，并为日期设置序列化格式。

上述内容定义了一个 Constants 类；在 Kotlin 等语言中，常量不需要定义独立的类，但是这里我们所使用的语言是 Java。一些纯粹的面向对象编程主义者认为，编写常量类是一种面向对象的反模式。然而，为了简单起见，我们需要在系统中使用一些常量。

4.4　HealthCheck 消息

第二步是定义（编码）HealthCheck 类，该类是一个传统的 Java 对象（Plain Old Java Object，POJO）。相应地，model 类则定义为数值对象模板。

在 IDE 中打开当前项目，在 src/main/java/kioto 目录下创建一个名为 HealthCheck.java 的文件，如程序清单 4.4 所示。

程序清单 4.4　HealthCheck.java 文件

```java
package kioto;
import java.util.Date;
public final class HealthCheck {
  private String event;
  private String factory;
  private String serialNumber;
  private String type;
  private String status;
  private Date lastStartedAt;
  private float temperature;
  private String ipAddress;
}
```

在 IDE 中生成下列内容：

❑　不包含任何参数的构造方法。

❑　包含全部属性（作为参数予以传递）的构造方法。

❑　每个属性的 getter 和 setter 方法。

这是一个数据类，即 Java 中的 POJO。在 Kotlin 等语言中，模型类需要的样板代码则要少得多。一些纯粹的面向对象编程主义者认为值对象是一种面向对象的反模式。但是，用于生成消息的序列化库则需要使用这些类。

程序清单 4.5 利用 JavaFaker 生成虚构数据（fake data）。

程序清单 4.5　利用 JavaFaker 生成虚构数据

```java
HealthCheck fakeHealthCheck =
  new HealthCheck(
    "HEALTH_CHECK",
    faker.address().city(),                              //1
    faker.bothify("??##-??##", true),                    //2
      Constants.machineType.values()
        [faker.number().numberBetween(0,4)].toString(),  //3
    Constants.machineStatus.values()
```

```
        [faker.number().numberBetween(0,3)].toString(),   //4
    faker.date().past(100, TimeUnit.DAYS),               //5
    faker.number().numberBetween(100L, 0L),              //6
    faker.internet().ipV4Address());                     //7
```

关于如何生成健康状态检测的虚构数据，下列内容给出了相关分析。

❑　在//1 行中，address().city()生成了虚构城市名。

❑　在//2 行中，"？"表示 Alpha；"#"表示数字；true 则表示 Alpha 大写。

❑　在//3 行中，使用了 Constants 中的设备类型 enum，以及位于 0～4 的虚构数字。

❑　在//4 行中，使用了 Constants 中的设备状态 enum，以及位于 0～3 的虚构数字。

❑　在//5 行中，需要使用到过去 100 天之间的虚构日期。

❑　在//6 行中，虚构了一个 IP 地址。

此处依赖于构造方法中的属性顺序；而在 Kotlin 等其他语言中，则可指定每个分配的属性名。

接下来将 Java POJO 转换为 JSON 字符串。这里采用了 Constants 类中的相关方法，如下所示。

```
String fakeHealthCheckJson fakeHealthCheckJson =
Constants.getJsonMapper().writeValueAsString(fakeHealthCheck);
```

注意，上述方法可能会抛出 JSON 处理异常。

4.5　Java PlainProducer 类

如前所述，我们需要构建一个使用 Java 客户端库的 Kafka 消息生产者，特别是生产者 API（在后续章节中，还将介绍如何使用 Kafka 流和 KSQL）。

这里，首要问题是数据源。出于简单考虑，此处需要生成模拟数据。相应地，每一条消息将是一条包含了所有属性的健康状态消息。对此，第一步是构建一个生产者，并将这一类 JSON 格式的消息发送至一个 topic 中，如下所示。

```
{"event":"HEALTH_CHECK","factory":"Port
Roelborough","serialNumber":"QT89-
TZ50","type":"GEOTHERMAL","status":"SHUTTING_DOWN",
"lastStartedAt":"2018-09-13T00:36:39.079+0000","temperature":28.0,
"ipAddress":"235.180.238.3"}

{"event":"HEALTH_CHECK","factory":"Duckburg",
"serialNumber":"NB49-XL51","type":"NUCLEAR","status":"RUNNING",
"lastStartedAt":"2018-08-18T05:42:29.648+0000","temperature":49.0,
```

```
"ipAddress":"42.181.105.188"}
```

接下来创建一个 Kafka 生产者，并用于发送输入消息。

我们已经了解到，所有 Kafka 生产者都应具备两个必要条件：须为 KafkaProducer 且包含特定的属性集，如程序清单 4.6 所示。

```
                 程序清单 4.6  PlainProducer 的构造方法
import org.apache.kafka.clients.producer.KafkaProducer;
import org.apache.kafka.clients.producer.Producer;
import org.apache.kafka.common.serialization.StringSerializer;
public final class PlainProducer {
  private final Producer<String, String> producer;
  public PlainProducer(String brokers) {
    Properties props = new Properties();
    props.put("bootstrap.servers", brokers);              //1
    props.put("key.serializer", StringSerializer.class);  //2
    props.put("value.serializer", StringSerializer.class);//3
    producer = new KafkaProducer<>(props);                //4
  }
  ...
}
```

PlainProducer 的各种方法分析如下：

❑ 在//1 行中，表示生产者将运行的代理列表。

❑ 在//2 行中，表示消息键的序列化器类型（稍后将讨论序列化器）。

❑ 在//3 行中，表示消息值的序列化器类型（此处，对应值为字符串）。

❑ 在//4 行中，根据相关属性，并利用字符串键和字符串值（例如<String, String>）构建 KafkaProducer。

❑ 需要注意的是，属性的行为类似于 HashMap。在诸如 Kotlin 这一类语言中，属性的分配操作可通过 "=" 操作符完成，而不是调用某个方法。

当前针对键和值均使用了字符串序列化器。在第一种方案中，我们将利用 Jackson 并通过手动方式将值序列化为 JSON；稍后将讨论如何编写一个自定义序列化器。

接下来在 src/main/java/kioto/plain 目录中创建一个名为 PlainProducer.java 的文件，如程序清单 4.7 所示。

```
                 程序清单 4.7  PlainProducer.java 文件
package kioto.plain;
import ...
public final class PlainProducer {
  /* here the Constructor code in Listing 4.6 */
```

```
public void produce(int ratePerSecond) {
  long waitTimeBetweenIterationsMs = 1000L/(long)ratePerSecond;   //1
  Faker faker = new Faker();
  while(true) {                                                    //2
    HealthCheck fakeHealthCheck /* here the code in Listing 4.5 */;
    String fakeHealthCheckJson = null;
    try {
      fakeHealthCheckJson =
        Constants.getJsonMapper().writeValueAsString(fakeHealthCheck);//3
    } catch (JsonProcessingException e) {
      // deal with the exception
    }
    Future futureResult = producer.send(new ProducerRecord<>
      (Constants.getHealthChecksTopic(), fakeHealthCheckJson)); //4
    try {
      Thread.sleep(waitTimeBetweenIterationsMs);                 //5
      futureResult.get();                                        //6
    } catch (InterruptedException | ExecutionException e) {
      // deal with the exception
    }
  }
}
public static void main(String[] args) {
  new PlainProducer("localhost:9092").produce(2);                //7
}
}
```

PlainProducer 类的分析过程如下：

❑ 在//1 行中，ratePerSecond 表示 1 秒钟内要发送的消息数量。

❑ 在//2 行中，当模拟重复行为时，这里使用了一个无限循环（在产品中应避免这一行为）。

❑ 在//3 行中，将 Java POJO 序列化为 JSON。

❑ 在//4 行中，使用 Java Future 将消息发送至 HealthChecksTopic 中。

❑ 在//5 行中，等待一段时间后再次发送消息。

❑ 在//6 行中，读取之前创建的 Future 结果。

❑ 在//7 行中，在代理上运行所有内容（本地主机的 9092 端口），且每隔 1 秒发送两条消息。

注意，这里仅发送了未包含键的记录，且仅指定了相关值（一个 JSON 字符串），因而对应键为 null。除此之外，还在读取结果上调用了 get()方法，以便等待写入确认；否则，消息可能被发送至 Kafka，但会在未经任何告知的情况下丢失。

4.6　运行 PlainProducer

当构建当前项目时，可在 kioto 目录下运行下列命令：

```
$ gradle jar
```

如果一切顺利，对应输出结果如下所示。

```
BUILD SUCCESSFUL in 3s
1 actionable task: 1 executed
```

（1）在命令行终端中，访问 confluent 目录并通过下列命令启动：

```
$ ./bin/confluent start
```

（2）代理将运行于 2181 端口上。当创建 healthchecks topic 时，执行下列命令：

```
$ ./bin/kafka-topics --zookeeper localhost:2181 --create --topic
healthchecks --replication-factor 1 --partitions 4
```

（3）针对 healthchecks topic，输入下列命令运行控制台消费者：

```
$ ./bin/kafka-console-consumer --bootstrap-server localhost:9092
--topic healthchecks
```

（4）在 IDE 中，运行 PlainProducer 的 main()方法。

（5）控制台消费者的输出结果如下所示。

```
{"event":"HEALTH_CHECK","factory":"Lake
Anyaport","serialNumber":"EW05-
HV36","type":"WIND","status":"STARTING",
"lastStartedAt":"2018-09-17 T11:05:26.094+0000","temperature":62.0,
"ipAddress":"15.185.195.90"}

{"event":"HEALTH_CHECK","factory":"Candelariohaven",
"serialNumber":"BO58-
SB28","type":"SOLAR","status":"STARTING",
"lastStartedAt":"2018-08-1 6T04:00:00.179+0000","temperature":75.0,
"ipAddress":"151.157.164.162"}

{"event":"HEALTH_CHECK","factory":"Ramonaview",
"serialNumber":"DV03-ZT93","type":"SOLAR","status":"RUNNING",
"lastStartedAt":"2018-07-12 T10:16:39.091+0000","temperature":70.0,
"ipAddress":"173.141.90.85"}
...
```

需要注意的是，当生成数据时，需要实现多种写入保障。

例如，在网络故障或代理故障的情况下，系统是否会丢失数据？

这里需要权衡 3 个因素，即生成消息的可用性、生产中的延迟以及安全写入的各项保障。

当前示例仅涉及一个代理，并使用了默认的 acks 值（值 1）。当在后续操作中调用 get() 方法时，我们在等待代理确认。也就是说，应确保在发送另一条消息之前，当前消息已被持久化。在该配置中，消息并不会丢失，但延迟会较高。

4.7　Java PlainConsumer 类

如前所述，当构建 Kafka 消息消费者时，可使用 Java 客户端库，特别是消费者 API（在后续章节中，还将介绍如何使用 Kafka Stream 和 KSQL）。

下面尝试创建用于接收输入消息的 Kafka 消费者。

如前所述，全部的 Kafka 消费者须包含两个前提条件：须为一个 KafkaConsumer 并设置特定的属性，如程序清单 4.8 所示。

```
程序清单 4.8　消费者的构造方法
import org.apache.kafka.clients.consumer.KafkaConsumer;
import org.apache.kafka.clients.consumer.Consumer;
import org.apache.kafka.common.serialization.StringSerializer;
public final class PlainConsumer {
  private Consumer<String, String> consumer;
  public PlainConsumer(String brokers) {
    Properties props = new Properties();
    props.put("group.id", "healthcheck-processor");          //1
    props.put("bootstrap.servers", brokers);                 //2
    props.put("key.deserializer", StringDeserializer.class); //3
    props.put("value.deserializer", StringDeserializer.class);//4
    consumer = new KafkaConsumer<>(props);                    //5
  }
  ...
}
```

消费者构造方法的分析过程如下：

❑ 在//1 行中，表示消费者的分组 ID，在当前实例中，分组 ID 为 healthcheck-processor。

❑ 在//2 行中，表示消费者运行的 brokers 列表。

❑ 在//3 行中，表示消息键的反序列化器类型（稍后将讨论反序列化器）。

❑ 在//4 行中，表示消息值的反序列化器类型，在当前实例中，值定义为字符串。

❑ 在//5 行中，根据相关属性，利用字符串键和字符串值（例如<String, String>）构建 KafkaConsumer。

对于消费者来说，我们需要提供分组 ID，以指定消费者将加入的消费者分组。

在多个消费者并行启动的情况下，通过不同的线程或不同的进程，将为每个消费者分配 topic 分区的子集。在当前示例中，将利用 4 个分区创建 topic，这也意味着，当以并行方式消费数据时，最多可创建 4 个消费者。

针对某个消费者来说，我们将提供反序列化器，而非序列化器。一方面，虽然此处并未使用键反序列化器（如果读者还有印象，该键为 null），但键反序列化器是消费者规范中的一个强制性参数；另一方面，还需要针对当前值使用到反序列化器——我们将读取 JSON 字符串中的数据，而这里将采用 Jackson 并以手动方式反序列化对象。

4.8　Java PlainProcessor 对象

本节将在 src/main/java/kioto/plain 目录中创建一个名为 PlainProcessor.java 的文件，如程序清单 4.9 所示。

```
          程序清单 4.9　PlainProcessor.java 文件（第 1 部分）
package kioto.plain;
import ...
public final class PlainProcessor {
  private Consumer<String, String> consumer;
  private Producer<String, String> producer;
  public PlainProcessor(String brokers) {
    Properties consumerProps = new Properties();
    consumerProps.put("bootstrap.servers", brokers);
    consumerProps.put("group.id", "healthcheck-processor");
    consumerProps.put("key.deserializer", StringDeserializer.class);
    consumerProps.put("value.deserializer", StringDeserializer.class);
    consumer = new KafkaConsumer<>(consumerProps);
    Properties producerProps = new Properties();
    producerProps.put("bootstrap.servers", brokers);
    producerProps.put("key.serializer", StringSerializer.class);
    producerProps.put("value.serializer", StringSerializer.class);
    producer = new KafkaProducer<>(producerProps);
  }
}
```

PlainProcessor 类的第 1 部分其分析过程如下：

❑　在上述代码的第一片段中，声明了一个消费者，如程序清单 4.8 所示。

❑　在上述代码的第二片段中，声明了一个生产者，如程序清单 4.6 所示。

在编写其余代码之前，让我们再次回顾一下 Kioto 流处理引擎的项目需求条件。

总体而言，当前需要创建执行下列任务的流式引擎：

❑ 生成消息至名为 healthchecks 的 Kafka topic 中。

❑ 从名为 healthchecks 的 Kafka topic 中读取消息。

❑ 根据启动时间计算运行时间。

❑ 将消息写入名为 uptimes 的 Kafka topic 中。

全部处理过程如图 4.1 所示，该图也展示了 Kioto 流式处理应用程序的整体状况。

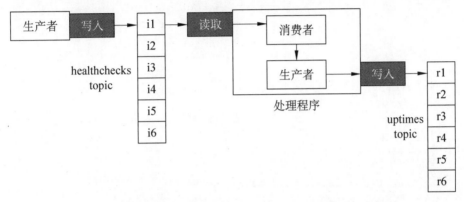

图 4.1　消息被生成至 healthchecks topic 中，并于随后执行读取操作；

最后，计算后的运行时间写入 uptimes topic 中

访问 src/main/java/kioto/plain 目录，并继续完成 PlainProcessor.java 文件，如程序清单 4.10 所示。

```
          程序清单 4.10  PlainProcessor.java 文件（第 2 部分）
public final void process() {
  consumer.subscribe(Collections.singletonList(
          Constants.getHealthChecksTopic()));           //1
  while(true) {
    ConsumerRecords records =
      consumer.poll(Duration.ofSeconds(1L));            //2
    for(Object record : records) {                      //3
      ConsumerRecord it = (ConsumerRecord) record;
      String healthCheckJson = (String) it.value();
      HealthCheck healthCheck = null;
      try {
        healthCheck = Constants.getJsonMapper()
          .readValue(healthCheckJson, HealthCheck.class); //4
      } catch (IOException e) {
        // deal with the exception
```

```
    }
    LocalDate startDateLocal
      =healthCheck.getLastStartedAt().toInstant()
      .atZone(ZoneId.systemDefault()).toLocalDate();            //5
    int uptime =
      Period.between(startDateLocal, LocalDate.now()).getDays();//6
    Future future =
      producer.send(new ProducerRecord<>(
                       Constants.getUptimesTopic(),
                       healthCheck.getSerialNumber(),
                       String.valueOf(uptime)));               //7
    try {
      future.get();
    } catch (InterruptedException | ExecutionException e) {
      // deal with the exception
    }
    }
  }
}
public static void main( String[] args) {
  (new PlainProcessor("localhost:9092")).process();
}
}
```

PlainProcessor 类的分析过程如下：

❑ 在//1 行中，创建了消费者并订阅了源 topic。该过程将分区动态地分配至消费者，
　　并连接至消费者分组中。

❑ 在//2 行中，设置了一个无限循环对记录进行操作，其中，池持续时间作为参数
　　被传递至方法池中。消费者在返回前等待的时间不超过 1 秒。

❑ 在//3 行中，遍历各记录。

❑ 在//4 行中，反序列化 JSON 字符串，进而析取健康状态检测对象。

❑ 在//5 行中，启动时间在当前时区内进行格式转换。

❑ 在//6 行中，计算运行时间。

❑ 在//7 行中，利用序列号作为键，运行时间作为值，运行时间被写入 uptimes topic
　　中。另外，两个值均作为常规字符串被写入。

代理将记录返回客户端的时刻也取决于 fetch.min.bytes 值，其默认值为 1，同时也是
代理在客户端可用之前需要等待的最小数据量。只要存在 1 个字节的数据可用，代理即会
返回，且最多只等待 1 秒钟。

其他的配置属性还包括 fetch.max.bytes，该属性定义了一次性返回的数据量。根据当

前配置，代理将返回全部有效的记录（最大不会超过 50MB）。

如果不存在有效的记录，代理将会返回一个空列表。

需要注意的是，我们可复用生成虚拟数据的生产者，但使用另一个生产者写入运行时间，则更为清晰。

4.9 运行 PlainProcessor

当构建项目时，可在 kioto 目录下运行下列命令：

```
$ gradle jar
```

如果一切顺利，对应的输出结果如下所示。

```
BUILD SUCCESSFUL in 3s
1 actionable task: 1 executed
```

（1）代理运行在 2181 端口上。因此，当创建 uptimes topic 时，可执行下列命令：

```
$ ./bin/kafka-topics --zookeeper localhost:2181 --create --topic
uptimes --replication-factor 1 --partitions 4
```

（2）针对 uptimes topic 运行控制台消费者，如下所示。

```
$ ./bin/kafka-console-consumer --bootstrap-server localhost:9092
--topic uptimes --property print.key=true
```

（3）在 IDE 中，运行 PlainProcessor 的 main()方法。

（4）在 IDE 中，运行 PlainProducer 的 main()方法。

（5）针对 uptimes topic，控制台消费者的输出结果如下所示。

```
EW05-HV36 33
BO58-SB28 20
DV03-ZT93 46
...
```

如前所述，当生成数据时，需要考虑两个因素。其中，第一个因素是交付保障；第二个因素则是分区。

相应地，当使用（消费）数据时，需要考虑以下 4 个因素：

❑ 并行运行的消费者数量（在并行线程或并行进程中）。

❑ 一次性使用（消费）的数据量（根据内存角度考虑）。

❑ 等待接收消息的时间（吞吐量和延迟）。

❑ 何时将消息标记为已处理（提交偏移量）。

如果 enable.auto.commit 设置为 true（默认为 true），消费者将在下一次调用 poll()方法时自动提交偏移量。

注意，记录须以整批量方式提交。如果出现故障，其间仅处理了某些消息，而非全部批处理，那么，应用程序将会崩溃且当前事件不会被提交，并由其他消费者重新处理。这种处理数据的方法称作"至少一次"处理。

4.10　自定义序列化器

截止到目前，前述内容讨论了如何利用 Java 和 Jackson 生产、消费 JSON 消息。本节将介绍如何创建自定义的序列化器和反序列化器。

前述内容介绍了生产者中的 StringSerializer 的应用方式，以及消费者中的 StringDeserializer 的应用方式，接下来我们将构建自己的 SerDe，并从应用程序的核心代码中抽象出序列化/反序列化处理过程。

当构建自定义序列化器时，需要创建一个实现了 org.apache.kafka.common.serialization. Serializer 接口的类。这可视为一种通用类型，因而可指定自定义类型将转换为一个字节数组（序列化）。

在 src/main/java/kioto/serde 目录中创建一个名为 HealthCheckSerializer.java 的文件，如程序清单 4.11 所示。

```
                   程序清单 4.11  HealthCheckSerializer.java 文件
package kioto.serde;
import com.fasterxml.jackson.core.JsonProcessingException;
import kioto.Constants;
import java.util.Map;
import org.apache.kafka.common.serialization.Serializer;
public final class HealthCheckSerializer implements Serializer {
  @Override
  public byte[] serialize(String topic, Object data) {
    if (data == null) {
      return null;
    }
    try {
      return Constants.getJsonMapper().writeValueAsBytes(data);
    } catch (JsonProcessingException e) {
      return null;
    }
  }
}
```

```
@Override
public void close() {}
@Override
public void configure(Map configs, boolean isKey) {}
}
```

需要注意的是，序列化器位于 org.apache.kafka 路径中名为 kafka-clients 的特定模块下。当前目标是使用序列化器类，而非 Jackson（手动方式）。

除此之外，还应留意 serialize 这一个较为重要的方法。相应地，close()方法和 configure()方法的代码体可置空。

这里导入了 Jackson 中较为重要的 JsonProcessingException，其原因在于，writeValueAsBytes 将会抛出该异常。尽管如此，当前序列化操作并未使用到 Jackson。

4.11　Java CustomProducer 类

当在生产者中引入序列化器时，所有的 Kafka 生产者须满足两个先决条件：须为 KafkaProducer 且设置特定的属性，如程序清单 4.12 所示。

```
          程序清单 4.12　所有的 Kafka 生产者须满足两个先决条件：
                须为 KafkaProducer 且设置特定的属性
import kioto.serde.HealthCheckSerializer;
import org.apache.kafka.clients.producer.KafkaProducer;
import org.apache.kafka.clients.producer.Producer;
import org.apache.kafka.common.serialization.StringSerializer;
public final class CustomProducer {
  private final Producer<String, HealthCheck> producer;
  public CustomProducer(String brokers) {
    Properties props = new Properties();
    props.put("bootstrap.servers", brokers);                    //1
    props.put("key.serializer", StringSerializer.class);        //2
    props.put("value.serializer", HealthCheckSerializer.class); //3
    producer = new KafkaProducer<>(props);                      //4
  }
  ...
}
```

CustomProducer 构造方法的分析过程如下：

❑ 在//1 行中，表示为生产者运行的代理列表。

❑ 在//2 行中，表示为消息键的序列化器类型。在当前示例中，键表示为字符串。

❑ 在//3 行中，表示为消息值的序列化器类型。在当前示例中，值表示为 HealthCheck。

❑ 在//4 行中，根据相关属性，利用字符串键 KafkaProducer 和 HealthCheck 值（例

如<String, HealthCheck>）构建一个 KafkaProducer。

在 src/main/java/kioto/custom 目录中，创建一个名为 CustomProducer.java 的文件，如程序清单 4.13 所示。

程序清单 4.13　CustomProducer.java 文件

```
package kioto.plain;
import ...
public final class CustomProducer {
  /* here the Constructor code in Listing 4.12 */
  public void produce(int ratePerSecond) {
    long waitTimeBetweenIterationsMs = 1000L / (long)ratePerSecond;  //1
    Faker faker = new Faker();
    while(true) {                                                     //2
      HealthCheck fakeHealthCheck /* here the code in Listing 4.5 */;
      Future futureResult = producer.send( new ProducerRecord<>(
        Constants.getHealthChecksTopic(), fakeHealthCheck));         //3
      try {
        Thread.sleep(waitTimeBetweenIterationsMs);                   //4
        futureResult.get();                                          //5
      } catch (InterruptedException | ExecutionException e) {
        // deal with the exception
      }
    }
  }
  public static void main(String[] args) {
    new CustomProducer("localhost:9092").produce(2);                 //6
  }
}
```

CustomProducer 类的分析过程如下：

❑   在//1 行中，ratePerSecond 表示 1 秒内发送的消息数量。

❑   在//2 行中，采用了无限循环模拟重复过程（在产品环境下应避免使用这一操作）。

❑   在//3 行中，使用 Java Futrue 向 HealthChecksTopic 发送消息。

❑   在//4 行中，再次发送消息所等待的秒数。

❑   在//5 行中，读取之前创建的 Futrue 结果。

❑   在//6 行中，全部内容运行于本地主机端口 9092 的代理上。

4.12　运行 CustomProducer

当构建项目时，可在 kioto 目录下运行下列命令：

```
$ gradle jar
```

如果一切顺利，对应的输出结果如下所示。

```
BUILD SUCCESSFUL in 3s
1 actionable task: 1 executed
```

（1）针对 HealthChecksTopic 运行控制台消费者，如下所示。

```
$ ./bin/kafka-console-consumer --bootstrap-server localhost:9092
--topic healthchecks
```

（2）在 IDE 中，运行 CustomProducer 的 main()方法。

（3）控制台消费者的输出结果如下所示。

```
{"event":"HEALTH_CHECK","factory":"Lake
Anyaport","serialNumber":"EW05-HV36","type":"WIND","status":"STARTING",
"lastStartedAt":"2018-09-17T11:05:26.094+0000","temperature":62.0,
"ipAddress":"15.185.195.90"}

{"event":"HEALTH_CHECK","factory":"Candelariohaven",
"serialNumber":"BO58-SB28","type":"SOLAR","status":"STARTING",
"lastStartedAt":"2018-08-16T04:00:00.179+0000","temperature":75.0,
"ipAddress":"151.157.164.162"}

{"event":"HEALTH_CHECK","factory":"Ramonaview",
"serialNumber":"DV03-ZT93","type":"SOLAR","status":"RUNNING",
"lastStartedAt":"2018-07-12T10:16:39.091+0000","temperature":70.0,
"ipAddress":"173.141.90.85"}

...
```

4.13 自定义反序列化器

类似地，还可构建反序列化器。对此，需要定义一个实现了接口 org.apache.kafka.
common.serialization.Deserializer 的类。我们必须指出如何将字节数组转换为自定义类型
（反序列化）。

在 src/main/java/kioto/serde 目录中，创建一个名为 HealthCheckDeserializer.java 的文件，
如程序清单 4.14 所示。

```
        程序清单 4.14  HealthCheckDeserializer.java 文件
package kioto.serde;
```

```java
import kioto.Constants;
import kioto.HealthCheck;
import java.io.IOException;
import java.util.Map;
import org.apache.kafka.common.serialization.Deserializer;

public final class HealthCheckDeserializer implements Deserializer {
  @Override
  public HealthCheck deserialize(String topic, byte[] data) {
    if (data == null) {
      return null;
    }
    try {
      return Constants.getJsonMapper().readValue(data,
        HealthCheck.class);
    } catch (IOException e) {
      return null;
    }
  }
  @Override
  public void close() {}
  @Override
  public void configure(Map configs, boolean isKey) {}
}
```

需要注意的是，反序列化器类位于 org.apache.kafka 路径下的名为 kafka-clients 的特定模块中。这里的目标是使用反序列化器类而不是 Jackson（手动方式）。

除此之外，还需要注意 deserialize()方法。当前，close()方法和 configure()方法的代码体暂且置空。

由于 readValue()方法需要使用 POJO（对应类包含了公有的构造方法，以及公有的getter()和 setter()方法），因而这里导入了 HealthCheck 类。另外还需要注意的是，所有的POJO 属性都应该是可序列化的。

4.14　Java CustomConsumer 类

本节将创建一个 Kafka 消费者，并用于接收自定义输入消息。

为了在消费者中整合反序列化器，所有的 Kafka 消费者需要包含两个先决条件：须为KafkaConsumer 并设置特定属性，如程序清单 4.15 所示。

程序清单 4.15 所有的 Kafka 消费者需要包含两个先决条件：
须为 KafkaConsumer 并设置特定属性

```
import kioto.HealthCheck;
import kioto.serde.HealthCheckDeserializer;
import org.apache.kafka.clients.consumer.KafkaConsumer;
import org.apache.kafka.clients.consumer.Consumer;
import org.apache.kafka.common.serialization.StringSerializer;

public final class CustomConsumer {
  private Consumer<String, HealthCheck> consumer;
  public CustomConsumer(String brokers) {
    Properties props = new Properties();
    props.put("group.id", "healthcheck-processor");              //1
    props.put("bootstrap.servers", brokers);                     //2
    props.put("key.deserializer", StringDeserializer.class);     //3
    props.put("value.deserializer", HealthCheckDeserializer.class);//4
    consumer = new KafkaConsumer<>(props);                       //5
  }
  ...
}
```

CustomConsumer 构造方法的分析过程如下：

❑ 在//1 行中，表示消费者的分组 ID，在当前实例中，分组 ID 为 healthcheck-processor。

❑ 在//2 行中，表示消费者运行的代理列表。

❑ 在//3 行中，表示消息键的反序列化器类型，在当前实例中，键表示为字符串。

❑ 在//4 行中，表示消息值的反序列化器类型，在当前示例中，对应值为 HealthChecks。

❑ 在//5 行中，根据相关属性，将利用字符串键和 HealthChecks 值（如<String, Health
Check>）构建 KafkaConsumer。

针对某个消费者，此处提供了反序列化器，而非序列化器。一方面，虽然我们并未使
用键反序列化器（该键为 null），但键反序列化器仍是消费者规范中的强制型参数；另一
方面，鉴于将读取 JSON 字符串格式的数据，因而需要针对值使用反序列化器。这里，将
利用自定义的反序列化器反序列化当前对象。

4.15　Java CustomProcessor 类

在 src/main/java/kioto/custom 目录下，创建一个名为 CustomProcessor.java 的文件，如
程序清单 4.16 所示。

程序清单 4.16　CustomProcessor.java 文件（第 1 部分）

```
package kioto.custom;
import ...

public final class CustomProcessor {
  private Consumer<String, HealthCheck> consumer;
  private Producer<String, String> producer;

  public CustomProcessor(String brokers) {
    Properties consumerProps = new Properties();
    consumerProps.put("bootstrap.servers", brokers);
    consumerProps.put("group.id", "healthcheck-processor");
    consumerProps.put("key.deserializer",StringDeserializer.class);
    consumerProps.put("value.deserializer",
                        HealthCheckDeserializer.class);
    consumer = new KafkaConsumer<>(consumerProps);
    Properties producerProps = new Properties();
    producerProps.put("bootstrap.servers", brokers);
    producerProps.put("key.serializer", StringSerializer.class);
    producerProps.put("value.serializer", StringSerializer.class);
    producer = new KafkaProducer<>(producerProps);
  }
```

CustomProcessor 类的第 1 部分其分析过程如下：

❑　在上述代码的第一片段中，声明了一个消费者，如程序清单 4.15 所示。

❑　在上述代码的第二片段中，声明了一个生产者，如程序清单 4.13 所示。

接下来在 src/main/java/kioto/custom 目录中完成 CustomProcessor.java 文件，如程序清单 4.17 所示。

程序清单 4.17　CustomProcessor.java 文件（第 2 部分）

```
public final void process() {
  consumer.subscribe(Collections.singletonList(
        Constants.getHealthChecksTopic()));                    //1
  while(true) {
    ConsumerRecords records =
      consumer.poll(Duration.ofSeconds(1L));                   //2
    for(Object record : records) {                             //3
      ConsumerRecord it = (ConsumerRecord) record;
      HealthCheck healthCheck = (HealthCheck) it.value();      //4
      LocalDate startDateLocal=
        healthCheck.getLastStartedAt().toInstant()
        .atZone(ZoneId.systemDefault()).toLocalDate();         //5
```

```
      int uptime =
        Period.between(startDateLocal, LocalDate.now()).getDays();//6
      Future future =
        producer.send(new ProducerRecord<>(
                      Constants.getUptimesTopic(),
                      healthCheck.getSerialNumber(),
                      String.valueOf(uptime)));                    //7
      try {
        future.get();
      } catch (InterruptedException | ExecutionException e) {
        // deal with the exception
      }
    }
  }
}
public static void main( String[] args) {
  new CustomProcessor("localhost:9092").process();
 }
}
```

CustomProcessor 处理方法的分析过程如下：

❑ 在//1 行中，创建消费者并订阅了源 topic。这是一个消费者分区的动态分配过程，并连接至消费者分组中。

❑ 在//2 行中，采用了无限循环方式操作记录，池持续时间作为参数被传递至方法池中。消费者在返回前等待的时间不超过 1 秒。

❑ 在//3 行中，将对记录进行遍历。

❑ 在//4 行中，将反序列化 JSON 字符串并解析 HealthCheck 对象。

❑ 在//5 行中，启动时间转换为当地时区格式。

❑ 在//6 行中，计算运行时间。

❑ 在//7 行中，利用序列号作为键，运行时间作为值，运行时间将被写入 uptimes topic 中。两个值均作为常规字符串被写入。

4.16　运行 CustomProcessor

当构建项目时，可在 Kioto 目录中运行下列命令：

```
$ gradle jar
```

如果一切顺利，对应的输出结果如下所示。

```
BUILD SUCCESSFUL in 3s
1 actionable task: 1 executed
```

（1）针对 uptimes topic 运行控制台消费者，如下所示。

```
$ ./bin/kafka-console-consumer --bootstrap-server localhost:9092
--topic uptimes --property print.key=true
```

（2）在 IDE 中，运行 CustomProcessor 的 main()方法。

（3）在 IDE 中，运行 CustomProducer 的 main()方法。

（4）针对 uptimes topic，控制台消费者的输出结果如下所示。

```
EW05-HV36 33
BO58-SB28 20
DV03-ZT93 46
...
```

至此，我们讨论了如何构建自己的 SerDe，并从应用程序的主逻辑中抽象出序列化代码，进而了解到 Kafka SerDe 的工作方式。

4.17　本章小结

本章讨论了如何构建 Java PlainProducer、消费者、处理程序、自定义序列化器和自定义反序列化器。

除此之外，本章还介绍了如何构建 Java CustomProducer、消费者、处理程序，以及如何运行 Java CustomProducer 和处理程序。

最后，本章还针对 JSON、二进制格式和常规格式讨论了如何利用 Kafka 进行序列化/反序列化操作。对应 Kafka 来说，Avro 是一种常见的序列化方案。在第 5 章将结合 Kafka 模式注册表探讨 Avro 的使用方式。

第 5 章　模式注册表

前述章节讨论了如何生产、消费 JSON 格式的数据。本章将考查如何利用 Apache Avro 实现消息的序列化。

本章主要涉及以下主题：

❑　Avro 简介。

❑　定义模式。

❑　启动模式注册表（Schema Registry）。

❑　使用模式注册表。

❑　如何构建 Java AvroProducer、消费者和处理程序。

❑　如何运行 Java AvroProducer 和处理程序。

5.1　Avro 简介

Apache Avro 是一种二进制序列化格式，对应格式是基于模式的，因而它依赖于 JSON 格式中的模式定义。这些模式定义了哪些字段是强制性的及其对应的类型。另外，Avro 还支持数组、枚举类型以及嵌套字段。

Avro 的一个主要优点是支持模式演化。通过这种方式，我们可以拥有模式的几个历史版本。通常，系统必须适应业务不断变化的需求。因此，应可以从实体中添加或删除字段，甚至更改数据类型。为了支持向前或向后兼容性，还需要考虑哪些字段是可选的。

由于 Avro 将数据转换为字节数组（序列化），Kafka 的消息也以二进制数据格式发送；当使用 Apache Kafka 时，可以以 Avro 格式发送消息。这里的问题是，我们将 Apache Avro 的模式存储于何处？

回忆一下，企业服务总线的主要功能之一是对其处理的消息进行格式验证；如果已持有此类格式的历史记录，是否还存在一些更好的方案？

Kafka Schema Registry 是一个负责执行重要功能的模块，首先是验证消息是否包含正确的格式；其次是持有此类模式的存储库；最后则是拥有这些模式的历史版本格式。

Schema Registry 是与 Kafka 代理运行在相同位置的服务器，负责运行和存储模式，其中包括模式的各种版本。当消息以 Avro 格式发送至 Kafka 时，该消息中涵盖了存储于 Schema Registry 中的模式标识符。

对此，存在一个库并支持 Avro 格式的消息序列化和反序列化；同时，该库可与 Schema

Registry 实现较好的协调工作。

　　当消息以 Avro 格式被发送，序列化器可确保对应模式被注册，并可获得该模式的 ID。如果发送一条 Schema Registry 中不存在的 Avro 消息，那么，该模式的当前版本将被自动注册至 Schema Registry 中；如果用户不希望 Schema Registry 按照这一方式进行操作，则可通过将 auto.register.schemas 标记设置为 false 以对其禁用。

　　当消息以 Avro 格式被接收时，反序列化器尝试在 Schema Registry 中搜索模式 ID，获取对应的模式以便反序列化 Avro 格式的消息。

　　Schema Registry 和用于 Avro 格式消息序列化和反序列化的库均位于 Confluent Platform 下。需要着重强调的是，当使用 Schema Registry 时，必须使用到 Confluent Platform。

　　同样重要的是，对于 Schema Registry，Confluent 库应该用于 Avro 格式的序列化，因为 Apache Avro 库通常无法正常工作。

5.2　定义模式

　　这里，第一步是定义 Avro 模式。顺便提及，当前的 HealthCheck 类如程序清单 5.1 所示。

程序清单 5.1　HealthCheck.java 文件

```
public final class HealthCheck {
  private String event;
  private String factory;
  private String serialNumber;
  private String type;
  private String status;
  private Date lastStartedAt;
  private float temperature;
  private String ipAddress;
}
```

当采用 Avro 格式表示消息时，Avro 中所有此类消息的模式（即模板）如程序清单 5.2 所示。

程序清单 5.2　HealthCheck.avsc 文件

```
{
  "name": "HealthCheck",
  "namespace": "kioto.avro",
  "type": "record",
  "fields": [
  { "name": "event", "type": "string" },
```

```
{ "name": "factory", "type": "string" },
{ "name": "serialNumber", "type": "string" },
{ "name": "type", "type": "string" },
{ "name": "status", "type": "string"},
{ "name": "lastStartedAt", "type": "long", "logicalType":
  "timestamp-millis"},
{ "name": "temperature", "type": "float" },
{ "name": "ipAddress", "type": "string" }
]
}
```

该文件须保存在 src/main/resources 目录的 kioto 项目中。

需要注意的是，相关类型包括 string、float 和 double；但对于 Date，则需要存储为 long 或字符串。

针对当前示例，我们可将 Date 序列化为 long，Avro 中并未定义专门的 Date 类型，因而需要在 long 和 string 中进行选择（ISO-8601 string 通常更好）。当前示例的重点在于如何使用不同的数据类型。

关于 Avro 模式以及类型的映射方式，读者可参考 Apache Avro 规范，对应网址为 http://avro.apache.org/docs/current/spec.html。

5.3　启动 Schema Registry

对于 Avro 模式，需要将其在 Schema Registry 中进行注册。当启动 Confluent Platform 时，Schema Registry 也将处于启动状态，如下列代码所示。

```
$./bin/confluent start
Starting zookeeper
zookeeper is [UP]
Starting kafka
kafka is [UP]
Starting schema-registry
schema-registry is [UP]
Starting kafka-rest
kafka-rest is [UP]
Starting connect
connect is [UP]
Starting ksql-server
ksql-server is [UP]
Starting control-center
control-center is [UP]
```

如果仅希望启动 Schema Registry，则可运行下列命令：

```
$./bin/schema-registry-start etc/schema-registry/schema-registry.properties
```

对应的输出结果如下所示。

```
...
[2017-03-02 10:01:45,320] INFO Started
NetworkTrafficServerConnector@2ee67803{HTTP/1.1,[http/1.1]}{0.0.0.0:8081}
```

5.4　使用 Schema Registry

当前，Schema Registry 运行于端口 8081 上。当与 Schema Registry 进行交互时，存在一个 REST API，并可通过 crul 对其进行访问。第一步是在 Schema Registry 中注册一个模式。对此，需要将 JSON 格式嵌入另一个 JSON 对象中；同时还要转义某些特殊的字符并添加一个负载（payload）。具体如下：

❑　　在开始处，需要添加 "{ \"schema\": \""。

❑　　全部双引号（"）需要通过反斜杠 "\" 进行转义（即 "\""）。

❑　　在结尾处，需要添加 "\" }"。

正如意料中的那样，对应的 API 包含了多个命令以查询 Schema Registry。

5.4.1　在值主题下注册一个新的模式版本

当利用 curl 命令注册位于 src/main/resources/ 路径下的 Avro 模式 HealthCheck.avsc（参见程序清单 5.2）时，可采用下列方式：

```
$ curl -X POST -H "Content-Type: application/vnd.schemaregistry.v1+json" \
--data '{ "schema": "{ \"name\": \"HealthCheck\", \"namespace\":
\"kioto.avro\", \"type\": \"record\", \"fields\": [ { \"name\": \"event\",
\"type\": \"string\" }, { \"name\": \"factory\", \"type\": \"string\" }, {
\"name\": \"serialNumber\", \"type\": \"string\" }, { \"name\": \"type\",
\"type\": \"string\" }, { \"name\": \"status\", \"type\": \"string\"}, {
\"name\": \"lastStartedAt\", \"type\": \"long\", \"logicalType\":
\"timestamp-millis\"}, { \"name\": \"temperature\", \"type\": \"float\" },
{ \"name\": \"ipAddress\", \"type\": \"string\" } ]} " }' \
http://localhost:8081/subjects/healthchecks-avro-value/versions
```

对应的输出结果如下所示。

```
{"id":1}
```

这也意味着，我们利用版本"id":1 注册了 HealthChecks 模式（这也是当前的第一个模式）。

需要注意的是，上述命令在名为 healthchecks-avro-value 的主题上注册当前模式。Schema Registry 并不包含与 topic 相关的信息（尚未创建 healthchecks-avro topic）。根据 <topic>-value 格式在名称下注册模式是一种惯例，后面跟着序列化器/反序列化器。在当前示例中，由于模式用于消息值，因而当前采用后缀-值这一格式。如果需要通过 Avro 识别消息键，则可使用<topic>-key 格式。

例如，当获取模式的 ID 时，可使用下列命令：

```
$ curl
  http://localhost:8081/subjects/healthchecks-avro-value/versions/
```

对应的输出结果表示为模式 ID，如下所示。

```
[1]
```

利用模式 ID 并检测模式值时，可采用下列命令：

```
$ curl
  http://localhost:8081/subjects/healthchecks-avro-value/versions/1
```

对应的输出结果表示为模式值，如下所示。

```
{"subject":"healthchecks-avro-value","version":1,"id":1,
"schema":"{\"type\":\"record\",\"name\":\"HealthCheck\",
\"namespace\":\"kioto.avro\",\"fields\":[{\"name\":\"event\",
\"type\":\"string\"},
{\"name\":\"factory\",\"type\":\"string\"},
{\"name\":\"serialNumber\",\"type\":\"string\"},
{\"name\":\"type\",\"type\":\"string\"},
{\"name\":\"status\",\"type\":\"string\"},
{\"name\":\"lastStartedAt\",\"type\":\"long\",
\"logicalType\":\"timestamp-millis\"},
{\"name\":\"temperature\",\"type\":\"float\"},
{\"name\":\"ipAddress\",\"type\":\"string\"}]}"}
```

5.4.2 在键主题下注册一个新的模式版本

作为示例，当在 healthchecks-avro-key 主题下注册一个新的模式版本时，可执行下列命令（注意，该命令仅作为示例用）：

```
curl -X POST -H "Content-Type:
application/vnd.schemaregistry.v1+json"\
```

```
--data 'our escaped avro data'\
http://localhost:8081/subjects/healthchecks-avro-key/versions
```

对应的输出结果如下所示。

```
{"id":1}
```

5.4.3　将现有的模式注册至新的主题中

假设某个现有模式已注册于名为 healthchecks-value1 的主题上，且希望该模式在 healthchecks-value2 主题上可用。

对此，下列命令从 healthchecks-value1 中读取已有的模式，并将其注册于 healthchecks-value2 上（假设已安装了 jq 工具）。

```
curl -X POST -H "Content-Type:
application/vnd.schemaregistry.v1+json"\
--data "{\"schema\": $(curl -s
http://localhost:8081/subjects/healthchecks-value1/versions/
latest | jq '.schema')}"\
http://localhost:8081/subjects/healthchecks-value2/versions
```

对应的输出结果如下所示。

```
{"id":1}
```

5.4.4　列出全部主题

当列出所有的主题时，可执行下列命令：

```
curl -X GET http://localhost:8081/subjects
```

对应的输出结果如下所示。

```
["healthcheck-avro-value","healthchecks-avro-key"]
```

5.4.5　通过全局唯一 ID 查询模式

当查询某个模式时，可执行下列命令：

```
curl -X GET http://localhost:8081/schemas/ids/1
```

对应的输出结果如下所示。

```
{"schema":"{\"type\":\"record\",\"name\":\"HealthCheck\",
\"namespace\":\"kioto.avro\",\"fields\":[{\"name\":\"event\",
```

```
\"type\":\"string\"},{\"name\":\"factory\",\"type\":\"string\"},
{\"name\":\"serialNumber\",\"type\":\"string\"},
{\"name\":\"type\",\"type\":\"string\"},
{\"name\":\"status\",\"type\":\"string\"},
{\"name\":\"lastStartedAt\",\"type\":\"long\",
\"logicalType\":\"timestamp-millis\"},
{\"name\":\"temperature\",\"type\":\"float\"},
{\"name\":\"ipAddress\",\"type\":\"string\"}]}"}
```

5.4.6　列出注册于 healthchecks-value 主题下的全部模式版本

当列出注册于 healthchecks-value 主题下的全部模式版本时，可执行下列命令：

```
curl -X GET http://localhost:8081/subjects/healthchecks-value/versions
```

对应的输出结果如下所示。

```
[1]
```

5.4.7　查询注册于 healthchecks-value 主题下的模式版本 1

当查询注册于 healthchecks-value 主题下的模式版本 1 时，可执行下列命令：

```
curl -X GET http://localhost:8081/subjects/healthchecks-value/versions/1
```

对应结果如下所示。

```
{"subject":" healthchecks-value","version":1,"id":1}
```

5.4.8　删除注册于 healthchecks-value 主题下的模式版本 1

当删除注册于 healthchecks-value 主题下的模式版本 1 时，可执行下列命令：

```
curl -X DELETE
  http://localhost:8081/subjects/healthchecks-value/versions/1
```

对应的输出结果如下所示。

```
1
```

5.4.9　删除最近注册于 healthchecks-value 主题下的模式

当删除最近注册于 healthchecks-value 主题下的模式时，可执行下列命令：

```
curl -X DELETE
```

```
http://localhost:8081/subjects/healthchecks-value/versions/latest
```

对应的输出结果如下所示。

```
2
```

5.4.10　删除注册于 healthchecks-value 主题下的全部模式版本

当删除注册于 healthchecks-value 主题下的全部模式版本时，可执行下列命令：

```
curl -X DELETE http://localhost:8081/subjects/healthchecks-value
```

对应的输出结果如下所示。

```
[3]
```

5.4.11　检测模式是否已注册于 healthchecks-key 主题下

当检测某个模式是否已经注册于 healthchecks-key 主题下时，可执行下列命令：

```
curl -X POST -H "Content-Type:
application/vnd.schemaregistry.v1+json"\
--data 'our escaped avro data' \
http://localhost:8081/subjects/healthchecks-key
```

对应的输出结果如下所示。

```
{"subject":"healthchecks-key","version":3,"id":1}
```

5.4.12　模式兼容性测试

当对 healthchecks-value 主题下的最近模式执行模式兼容性测试时，可执行下列命令：

```
curl -X POST -H "Content-Type:
application/vnd.schemaregistry.v1+json"\
--data 'our escaped avro data' \
http://localhost:8081/compatibility/subjects/healthchecks-value/version
s/latest
```

对应的输出结果如下所示。

```
{"is_compatible":true}
```

5.4.13　获取顶级兼容性配置

当获取顶级兼容性配置时，可执行下列命令：

```
curl -X GET http://localhost:8081/config
```

对应的输出结果如下所示。

```
{"compatibilityLevel":"BACKWARD"}
```

5.4.14　全局更新兼容性需求条件

当采用全局方式更新兼容性需求条件时，可执行下列命令：

```
curl -X PUT -H "Content-Type:
application/vnd.schemaregistry.v1+json" \
--data '{"compatibility": "NONE"}' \
http://localhost:8081/config
```

对应的输出结果如下所示。

```
{"compatibility":"NONE"}
```

5.4.15　更新 healthchecks-value 主题下的兼容性需求条件

当更新 healthchecks-value 主题下的兼容性需求条件时，可执行下列命令：

```
curl -X PUT -H "Content-Type:
application/vnd.schemaregistry.v1+json" \
--data '{"compatibility": "BACKWARD"}' \
http://localhost:8081/config/healthchecks-value
```

对应的输出结果如下所示。

```
{"compatibility":"BACKWARD"}
```

5.5　Java AvroProducer

当前，我们需要适当地调整 Java Producer，进而发送 Avro 格式的消息。首先，Avro 中包含两种消息格式，具体如下：

- ❑ 特殊记录：包含 Avro 模式（avsc）的文件将被发送至特定的 Avro 命令中，进而生成对应的 Java 类。
- ❑ 通用记录：在该方案中，将采用类似于映射字典的数据结构。这意味着，可通过字段的名称来设置、获取字段，且需要知晓对应的类型。这一类选择方案并非是类型安全（type-safe）的，但却提供了更大的灵活性；同时，该版本将随着时间的推移变得易于管理。因此，在当前示例中，我们采用了这一方案。

回忆一下，在第 4 章中，我们曾添加了相关库，以支持 Kafka 客户端上的 Avro。相应地，build.gradle 文件中设置了一个包含所有这些库的特殊的存储库。

Confluent 的存储库通过下列方式予以指定：

```
repositories {
  ...
  maven { url 'https://packages.confluent.io/maven/' }
}
```

在依赖关系部分，需要添加特定的 Avro 库，如下所示。

```
dependencies {
  ...
  compile 'io.confluent:kafka-avro-serializer:5.0.0'
}
```

注意，不要使用 Apache Avro 提供的库，它们通常无法正常工作。我们已经知道，当构建 Kafka 消息生产者时，一般采用 Java 客户端库，尤其是生产者 API。如前所述，所有的 Kafka 生产者应满足两个先决条件：须为 KafkaProducer 并设置特定的属性，如程序清单 5.3 所示。

```
                程序清单 5.3  AvroProducer 构造方法
import io.confluent.kafka.serializers.KafkaAvroSerializer;
import org.apache.avro.Schema;
import org.apache.avro.Schema.Parser;
import org.apache.avro.generic.GenericRecord;
import org.apache.kafka.clients.producer.KafkaProducer;
import org.apache.kafka.clients.producer.Producer;
import org.apache.kafka.common.serialization.StringSerializer;

public final class AvroProducer {
  private final Producer<String, GenericRecord> producer;          //1
  private Schema schema;
  public AvroProducer(String brokers, String schemaRegistryUrl) { //2
    Properties props = new Properties();
    props.put("bootstrap.servers", brokers);
    props.put("key.serializer", StringSerializer.class);           //3
    props.put("value.serializer", KafkaAvroSerializer.class);      //4
    props.put("schema.registry.url", schemaRegistryUrl)            //5
    producer = new KafkaProducer<>(props);

    try {
      schema = (new Parser()).parse( new
```

```
      File("src/main/resources/healthcheck.avsc"));          //6
  } catch (IOException e) {
    // deal with the Exception
  }
}
...
}
```

AvroProducer 构造方法的分析过程如下：

❑ 在//1 行中，对应值为 org.apache.avro.generic.GenericRecord 类型。

❑ 在//2 行中，构造方法接收一个 Schema Registry URL。

❑ 在//3 行中，消息键的序列化器类型为 StringSerializer。

❑ 在//4 行中，消息值的序列化器类型为 KafkaAvroSerializer。

❑ 在//5 行中，Schema Registry URL 被添加至 Producer 属性中。

❑ 在//6 行中，包含模式定义的 avsc 文件通过 Schema Parser 被解析。

由于之前选择使用了通用记录，因而需要加载对应模式。需要注意的是，我们可能已从 Schema Registry 中得到对应的模式，但该过程并不安全，其原因在于，当前并不知晓所注册的模式版本。对此，一种较为安全、智能的方法是将模式和代码存储在一起，通过这种方式，代码通常可生成正确的数据类型，即使注册于 Schema Registry 中的模式发生了变化。

下面在 src/main/java/kioto/avro 目录中创建一个名为 AvroProducer.java 的文件，如程序清单 5.4 所示。

程序清单 5.4　AvroProducer.java 文件

```
package kioto.avro;
import ...
public final class AvroProducer {
  /* here the Constructor code in Listing 5.3 */

  public final class AvroProducer {

    private final Producer<String, GenericRecord> producer;
    private Schema schema;

    public AvroProducer(String brokers, String schemaRegistryUrl) {
      Properties props = new Properties();
      props.put("bootstrap.servers", brokers);
      props.put("key.serializer", StringSerializer.class);
      props.put("value.serializer", KafkaAvroSerializer.class);
      props.put("schema.registry.url", schemaRegistryUrl);
```

```
  producer = new KafkaProducer<>(props);
  try {
    schema = (new Parser()).parse(new
      File("src/main/resources/healthcheck.avsc"));
  } catch (IOException e) {
    e.printStackTrace();
  }
}

public final void produce(int ratePerSecond) {                    //1
  long waitTimeBetweenIterationsMs = 1000L / (long)ratePerSecond;
  Faker faker = new Faker();

  while(true) {                                                   //2
    HealthCheck fakeHealthCheck =
      new HealthCheck(
        "HEALTH_CHECK",
        faker.address().city(),
        faker.bothify("??##-??##", true),
        Constants.machineType.values()
        [faker.number().numberBetween(0,4)].toString(),
        Constants.machineStatus.values()
        [faker.number().numberBetween(0,3)].toString(),
        faker.date().past(100, TimeUnit.DAYS),
        faker.number().numberBetween(100L, 0L),
        faker.internet().ipV4Address());
    GenericRecordBuilder recordBuilder = new
      GenericRecordBuilder(schema);                               //3
    recordBuilder.set("event", fakeHealthCheck.getEvent());
    recordBuilder.set("factory",
      fakeHealthCheck.getFactory());
    recordBuilder.set("serialNumber",
      fakeHealthCheck.getSerialNumber());
    recordBuilder.set("type", fakeHealthCheck.getType());
    recordBuilder.set("status", fakeHealthCheck.getStatus());
    recordBuilder.set("lastStartedAt",
      fakeHealthCheck.getLastStartedAt().getTime());
    recordBuilder.set("temperature",
      fakeHealthCheck.getTemperature());
    recordBuilder.set("ipAddress",
      fakeHealthCheck.getIpAddress());
    Record avroHealthCheck = recordBuilder.build();
    Future futureResult = producer.send(new ProducerRecord<>     //4
```

```
          (Constants.getHealthChecksAvroTopic(), avroHealthCheck));
    try {
      Thread.sleep(waitTimeBetweenIterationsMs);              //5
      futureResult.get();                                     //6
    } catch (InterruptedException | ExecutionException e) {
      e.printStackTrace();
    }
  }
}

public static void main( String[] args) {
  new AvroProducer("localhost:9092",
    "http://localhost:8081").produce(2);                      //7
  }
}
```

AvroProducer 类的分析过程如下：

❑ 在//1 行中，ratePerSecond 表示在 1 秒内要发送的消息数量。

❑ 在//2 行中，采用无限循环模拟重复行为（在生产环境中应避免此类操作）。

❑ 在//3 行中，利用 GenericRecordBuilder 创建 GenericRecord 对象。

❑ 在//4 行中，使用 Java Future 向 healthchecks-avro topic 中发送记录。

❑ 在//5 行中，再次发送消息所等待的时间。

❑ 在//6 行中，读取 Future 的结果。

❑ 在//7 行中，所有内容运行于代理（位于主机端口 9092）上，Schema Registry 在端口 8081 的本地主机上运行，每隔 1 秒发送两条消息。

5.6　运行 AvroProducer

当构建项目时，在 kioto 目录下运行下列命令：

```
$ gradle jar
```

如果一切顺利，对应的输出结果如下所示。

```
BUILD SUCCESSFUL in 3s
1 actionable task: 1 executed
```

（1）如果仍未启动，可访问 confluent 目录予以启动，如下所示。

```
$ ./bin/confluent start
```

（2）代理运行于 9092 端口上。当创建 healthchecks-avro topic 时，可执行下列命令：

```
$ ./bin/kafka-topics --zookeeper localhost:2181 --create --topic
healthchecks-avro --replication-factor 1 --partitions 4
```

（3）需要注意的是，此处仅生成了常规 topic，且未涉及消息的格式。

（4）针对 healthchecks-avro topic 运行控制台消费者，如下所示。

```
$ ./bin/kafka-console-consumer --bootstrap-server localhost:9092 --
topic healthchecks-avro
```

（5）在 IDE 中，运行 AvroProducer 的 main()方法。

（6）控制台消费者的输出结果如下所示。

```
HEALTH_CHECKLake JeromyGE50-
GF78HYDROELECTRICRUNNING�����Y,B227.30.250.185
HEALTH_CHECKLockmanlandMW69-LS32GEOTHERMALRUNNING�○��YB72.194.121.48
HEALTH_CHECKEast IsidrofortIH27-
WB64NUCLEARSHUTTING_DOWN���YB88.136.134.241
HEALTH_CHECKSipesshireDH05-YR95HYDROELECTRICRUNNING����Y�B254.125.63
.235
HEALTH_CHECKPort
EmeliaportDJ83-UO93GEOTHERMALRUNNING���Y�A190.160.48.125
```

不难发现，二进制内容对于人类来说通常难以阅读。对此，我们可仅读取字符串部分，并忽略记录的其他内容。

当解决可读性问题时，可使用 kafka-avro-console-consumer。该消费者将反序列化 Avro 记录，并输出人类可读的 JSON 对象。

在命令行中，针对 healthchecks-avro topic 运行 Avro 控制台消费者，如下所示。

```
$ ./bin/kafka-avro-console-consumer --bootstrap-server
localhost:9092 --topic healthchecks-avro
```

控制台消费者上的对应输出结果如下所示。

```
{"event":"HEALTH_CHECK","factory":"Lake Jeromy","serialNumber":" GE50-GF78",
"type":"HYDROELECTRIC","status":"RUNNING","lastStartedAt":1537320719954,
"temperature":35.0,"ipAddress":"227.30.250.185"}
{"event":"HEALTH_CHECK","factory":"Lockmanland","serialNumber":" MW69-LS32",
"type":"GEOTHERMAL","status":"RUNNING","lastStartedAt":1534188452893,
"temperature":61.0,"ipAddress":"72.194.121.48"}
{"event":"HEALTH_CHECK","factory":"East Isidrofort","serialNumber":" IH27-
WB64","type":"NUCLEAR","status":"SHUTTING_DOWN",
"lastStartedAt":1539296403179,
"temperature":62.0,"ipAddress":"88.136.134.241"}
...
```

最后，将生成 Avro 格式的 Kafka 消息。借助于 Schema Registry 和 Confluent 库，该项任务将变得十分简单。如前所述，在经历了生产环境中的各种问题后，可以得出这样一种结论：通用记录方案一般优于特殊记录方案，因为可以更加确切地知道使用哪种模式生成数据。

如果在生成数据之前从 Schema Registry 中查询模式，情况又当如何？这将视具体情况而定，即取决于 auto.register.schemas 属性。如果该属性设置为 true，且当请求一个 Schema Registry 中不存在的模式时，这将自动注册为一个新的模式（在生产环境中不予推荐，且往往会引发错误）；如果该属性设置为 false，对应模式将不会被存储，由于模式不匹配，这会引发一个异常（读者可亲自验证，以得出正确的结论）。

5.7　Java AvroConsumer 类

下面创建 Kafka AvroConsumer 并用于接收输入记录。如前所述，所有的 Kafka 消费者须满足两个先决条件：须为 KafkaConsumer 并设置特定属性，如程序清单 5.5 所示。

```
                       程序清单5.5  AvroConsumer 构造方法
import io.confluent.kafka.serializers.KafkaAvroDeserializer;
import org.apache.avro.generic.GenericRecord;
import org.apache.kafka.clients.consumer.KafkaConsumer;
import org.apache.kafka.clients.consumer.Consumer;
import org.apache.kafka.common.serialization.StringSerializer;

public final class AvroConsumer {
  private Consumer<String, GenericRecord> consumer;            //1
  public AvroConsumer(String brokers, String schemaRegistryUrl) { //2
  Properties props = new Properties();
    props.put("group.id", "healthcheck-processor");
    props.put("bootstrap.servers", brokers);
    props.put("key.deserializer", StringDeserializer.class);    //3
    props.put("value.deserializer", KafkaAvroDeserializer.class); //4
    props.put("schema.registry.url", schemaRegistryUrl);        //5
    consumer = new KafkaConsumer<>(props);                       //6
  }
  ...
}
```

AvroConsumer 构造方法中的分析过程如下：

❑ 在//1 行中，对应值为 org.apache.avro.generic.GenericRecord 类型。

❑ 在//2 行中，构造方法接收 Schema Registry URL。

❑ 在//3 行中，消息键的反序列化器类型为 StringDeserializer。

❑ 在//4 行中，值的反序列化器类型为 KafkaAvroDeserializer。

❑ 在//5 行中，Schema Registry URL 添加至消费者属性中。

❑ 在//6 行中，根据属性并通过字符串键和 GenericRecord 值（如<String, GenericRecord>）构建 KafkaConsumer。

需要注意的是，当对反序列化器定义 Schema Registry URL 以查询模式时，对应消息仅包含模式 ID，而不是模式自身。

5.8　Java AvroProcessor 类

在 src/main/java/kioto/avro 目录中创建一个名为 AvroProcessor.java 的文件，如程序清单 5.6 所示。

```
            程序清单 5.6  AvroProcessor.java 文件（第 1 部分）
package kioto.plain;
import ...
public final class AvroProcessor {
  private Consumer<String, GenericRecord> consumer;
  private Producer<String, String> producer;

  public AvroProcessor(String brokers , String schemaRegistryUrl) {
    Properties consumerProps = new Properties();
    consumerProps.put("bootstrap.servers", brokers);
    consumerProps.put("group.id", "healthcheck-processor");
    consumerProps.put("key.deserializer", StringDeserializer.class);
    consumerProps.put("value.deserializer", KafkaAvroDeserializer.class);
    consumerProps.put("schema.registry.url", schemaRegistryUrl);
    consumer = new KafkaConsumer<>(consumerProps);
    Properties producerProps = new Properties();
    producerProps.put("bootstrap.servers", brokers);
    producerProps.put("key.serializer", StringSerializer.class);
    producerProps.put("value.serializer", StringSerializer.class);
    producer = new KafkaProducer<>(producerProps);
  }
```

AvroProcessor 类的分析过程（第 1 部分）如下：

❑ 在上述代码的第一片段中，声明了 AvroConsumer，如程序清单 5.5 所示。

❑ 在上述代码的第二片段中，声明了 AvroProducer，如程序清单 5.4 所示。

接下来完成 src/main/java/kioto/avro 目录中的 AvroProcessor.java 文件，如程序清单 5.7

所示。

```
          程序清单 5.7  AvroProcessor.java 文件（第 2 部分）
public final void process() {
  consumer.subscribe(Collections.singletonList(
    Constants.getHealthChecksAvroTopic()));                   //1
  while(true) {
    ConsumerRecords records = consumer.poll(Duration.ofSeconds(1L));
    for(Object record : records) {
      ConsumerRecord it = (ConsumerRecord) record;
      GenericRecord healthCheckAvro = (GenericRecord) it.value(); //2
      HealthCheck healthCheck = new HealthCheck (                //3
        healthCheckAvro.get("event").toString(),
        healthCheckAvro.get("factory").toString(),
        healthCheckAvro.get("serialNumber").toString(),
        healthCheckAvro.get("type").toString(),
        healthCheckAvro.get("status").toString(),
        new Date((Long)healthCheckAvro.get("lastStartedAt")),
        Float.parseFloat(healthCheckAvro.get("temperature").toString()),
        healthCheckAvro.get("ipAddress").toString());
      LocalDate startDateLocal=
        healthCheck.getLastStartedAt().toInstant()
                  .atZone(ZoneId.systemDefault()).toLocalDate();//4
      int uptime = Period.between(startDateLocal,
                  LocalDate.now()).getDays();                   //5
      Future future =
        producer.send(new ProducerRecord<>(
                    Constants.getUptimesTopic(),
                    healthCheck.getSerialNumber(),
                    String.valueOf(uptime)));                   //6
      try {
        future.get();
      } catch (InterruptedException | ExecutionException e) {
        // deal with the exception
      }
    }
  }
}

public static void main(String[] args) {
  new AvroProcessor("localhost:9092","http://localhost:8081")
                  .process();                                  //7
}
}
```

AvroProcessor 的分析过程如下：

- ❑ 在//1 行中，消费者订阅了新的 Avro topic。
- ❑ 在//2 行中，使用类型为 GenericRecord 的消息。
- ❑ 在//3 行中，反序列化 Avro 记录，进而析取 HealthCheck 对象。
- ❑ 在//4 行中，启动时间被转换为当前时区格式。
- ❑ 在//5 行中，计算运行时间。
- ❑ 在//6 行中，将序列号用作键，并将运行时间用作值，运行时间写入 uptimes topic 中。两个值均作为常规字符串被写入。
- ❑ 在//7 行中，全部内容运行于代理（位于主机端口 9092）上，并在 8081 端口的本地主机上运行 Schema Registry。

如前所述，代码并非是类型安全（type-safe）的，全部类型均在运行期内被检测，因此应谨慎处理。例如，字符串类型为 org.apache.avro.util.Utf8，而非 java.lang.String。注意，这里应避免在对象上直接调用 toString()方法。代码的其余部分保持不变。

5.9　运行 AvroProcessor

当运行项目时，在 kioto 目录中运行下列命令：

```
$ gradle jar
```

如果一切顺利，对应的输出结果如下所示。

```
BUILD SUCCESSFUL in 3s
1 actionable task: 1 executed
```

针对 uptimes topic 运行控制台消费者，如下所示。

```
$ ./bin/kafka-console-consumer --bootstrap-server localhost:9092 --topic
uptimes --property print.key=true
```

（1）在 IDE 中，运行 AvroProcessor 的 main()方法。
（2）在 IDE 中，运行 AvroProducer 的 main()方法。
（3）针对 uptimes topic，控制台消费者的输出结果如下所示。

```
EW05-HV36 33
BO58-SB28 20
DV03-ZT93 46
...
```

5.10　本章小结

本章介绍了如何将 Avro 用作序列化格式（而不是以 JSON 格式发送数据）。与 JSON 相比，Avro 的主要优点在于：一个优点是数据需与模式相符；另一个优点则是当以二进制格式发送时，消息将更加紧凑，虽然 JSON 在可读性方面更具优势。

模式存储于 Schema Registry 中，以便用户可查询模式版本历史，即使此类消息的生产者和消费者代码不再有效。

Apache Avro 还可确保该格式的所有消息的向后和向前兼容性。其中，向前兼容性是根据一些基本规则实现的，例如，在添加新字段时，将其值声明为可选。

Apache Kafka 鼓励使用 Apache Avro 和 Schema Registry 来存储 Kafka 系统中的所有数据和模式，而不是仅使用纯文本或 JSON。

第6章　Kafka Streams

本章将讨论 Kafka Streams（而不再使用生产者和消费者的 Kafka Java API），这是一个 Kafka 流式处理模块。

本章主要涉及以下主题：

- ❏ Kafka Streams 简介。
- ❏ Kafka Streams 项目配置。
- ❏ 编码并运行 Java PlainStreamsProcessor。
- ❏ 基于 Kafka Streams 的扩展。
- ❏ 编码并运行 Java CustomStreamsProcessor。
- ❏ 编码并运行 Java AvroStreamsProcessor。
- ❏ 编码并运行 Late EventProducer。
- ❏ 编码并运行 Kafka Streams 处理程序。

6.1　Kafka Streams 简介

Kafka Streams 是一个库，同时也是 Apache Kafka 中的一部分，用于处理 Kafka 流。在函数式编程中，存在多种集合操作，具体如下：

- ❏ Filter。
- ❏ Map。
- ❏ flatMap。
- ❏ groupBy。
- ❏ join。

流平台（如 Apache Spark、Apache Flink、Apache Storm 和 Akka Streams）的成功之处在于，将这些无状态函数整合至数据流中。Kafka Streams 提供了一个 DSL 来整合这些函数以操控数据流。另外，Kafka 流也包含了状态转换，这些操作多与聚合相关，且依赖于分组消息的状态，例如窗口函数以及对延迟到达数据的支持。Kafka Streams 是一个库，这意味着可以通过执行应用程序 jar 来部署 Kafka Streams 应用程序，因而无需在服务器上部署应用程序。这也表明，可以使用任何应用程序来运行 Kafka Streams 应用程序：Docker、Kubernetes、内部服务器等。Kafka Streams 的奇妙之处在于可实现水平伸缩。也就是说，如果它在同一个 JVM 中运行，则会执行多个线程；但是如果启动了应用程序的多个实例，它可以运行多个 JVM 进行扩展。

　　Apache Kafka 核心构建于 Scala 之上；而 Kafka Streams 和 KSQL 则建于 Java 8 之上。相应地，Kafka Streams 打包于 Apache Kafka 的开源发行版中。

6.2　项目配置

　　第一步是修改 kioto 项目。对此，需要向 build.gradle 中添加依赖关系，如程序清单 6.1 所示。

```
          程序清单 6.1  Kafka Streams 的 Kioto Gradle 构建文件
apply plugin: 'java'
apply plugin: 'application'

sourceCompatibility = '1.8'

mainClassName = 'kioto.ProcessingEngine'

repositories {
  mavenCentral()
  maven { url 'https://packages.confluent.io/maven/' }
}

version = '0.1.0'

dependencies {
  compile 'com.github.javafaker:javafaker:0.15'
  compile 'com.fasterxml.jackson.core:jackson-core:2.9.7'
  compile 'io.confluent:kafka-avro-serializer:5.0.0'
  compile 'org.apache.kafka:kafka_2.12:2.0.0'
  compile 'org.apache.kafka:kafka-streams:2.0.0'
  compile 'io.confluent:kafka-streams-avro-serde:5.0.0'
}

jar {
  manifest {
    attributes 'Main-Class': mainClassName
  } from {
    configurations.compile.collect {
      it.isDirectory() ? it : zipTree(it)
    }
  }
```

```
  exclude "META-INF/*.SF"
  exclude "META-INF/*.DSA"
  exclude "META-INF/*.RSA"
}
```

对于本章中的示例，还需要使用到 Jackson 依赖关系。当使用 Kafka Streams 时，仅需使用一个依赖项，如下所示。

```
compile 'org.apache.kafka:kafka-streams:2.0.0'
```

当 Apache Avro 与 Kafka Streams 结合使用时，可添加序列化器和反序列化器，如下所示。

```
compile 'io.confluent:kafka-streams-avro-serde:5.0.0'
```

当作为 jar 运行 Kafka Streams 时，需要添加以下几行代码：

```
configurations.compile.collect {
  it.isDirectory() ? it : zipTree(it)
}
```

当前，项目的树形目录结构如下所示。

```
src
main
--java
----kioto
------avro
------custom
------events
------plain
------serde
--resources
test
```

6.3　Java PlainStreamsProcessor 类

在 src/main/java/kioto/plain 目录中，创建一个名为 PlainStreamsProcessor.java 的文件，如程序清单 6.2 所示。

程序清单 6.2　PlainStreamsProcessor.java 文件
```
import ...
public final class PlainStreamsProcessor {
  private final String brokers;
```

```
public PlainStreamsProcessor(String brokers) {
  super();
  this.brokers = brokers;
}
public final void process() {
  // below we will see the contents of this method
}
public static void main(String[] args) {
  (new PlainStreamsProcessor("localhost:9092")).process();
}
}
```

其中，process()方法中包含了所有的重要操作。在 Kafka Streams 应用程序中，第一步是获取一个 StreamsBuilder 实例，如下所示。

```
StreamsBuilder streamsBuilder = new StreamsBuilder();
```

这里，StreamsBuilder 表示为一个可构建拓扑结构的对象。Kafka Streams 中的拓扑结构可视为数据管线的结构化描述，涉及数据流之间转换的一系列操作步骤。拓扑结构是一个非常重要的概念，同时也用于诸如 Apache Storm 等其他技术中。

StreamsBuilder 则用于使用 topic 中的数据。在 Kafka Streams 上下文中，还存在其他两个较为重要的概念，即 KStream（表示为记录流）和 KTable（流中处于变化状态的日志，第 7 章将对此加以讨论）。当从 topic 中获取 KStream 时，可使用 StreamsBuilder 中的 stream() 方法，如下所示。

```
KStream healthCheckJsonStream =
  streamsBuilder.stream( Constants.getHealthChecksTopic(),
    Consumed.with(Serdes.String(), Serdes.String()));
```

一种 stream()方法的实现是仅作为参数接收 topic 名称，并于其中指定序列化器——在当前示例中，需要为键指定序列化器，并为 Consumed 类指定值的序列化器。

注意，不应通过应用程序范围内的属性指定序列化器，其原因在于，同一个 Kafka Streams 应用程序可能从多个数据源读取具有不同数据格式的数据。

之前我们曾得到了一个 JSON 流，拓扑结构中的下一步则是获取 HealthCheck 对象流。对此，可构建下列流：

```
KStream healthCheckStream = healthCheckJsonStream.mapValues((v -> {
  try {
    return Constants.getJsonMapper().readValue(
      (String) v, HealthCheck.class);
  } catch (IOException e) {
```

```
    // deal with the Exception
  }
}));
```

注意，这里首先使用了 mapValues()方法。因此，在 Java 8 中，该方法将接收一个 Lambda 表达式。此外，mapValues()方法还包含其他实现方式，但此处仅使用了包含单一参数的 Lambda 表达式(v->)。

mapValues()方法可描述为：针对输入流中的每个元素，我们在 JSON 对象和 HealthCheck 对象间应用了一个转换，该转换可产生 IOException，且需要我们对其予以捕捉。

概括地讲，在第一个转换中，我们从 topic 中读取一个包含(String, String)对的数据流；在第二个转换中，则从 JSON 中的值转换至 HealthCheck 对象中的值。

在第三个步骤中，将计算 uptime，并将其发送至 uptimeStream 中，如下所示。

```
KStream uptimeStream = healthCheckStream.map(((KeyValueMapper)(k, v)-> {
  HealthCheck healthCheck = (HealthCheck) v;
  LocalDate startDateLocal =
    healthCheck.getLastStartedAt().toInstant()
              .atZone(ZoneId.systemDefault()).toLocalDate();
    int uptime = Period.between(startDateLocal,
      LocalDate.now()).getDays();
    return new KeyValue<>(
      healthCheck.getSerialNumber(), String.valueOf(uptime));
}));
```

需要注意的是，这里使用了 map()方法。另外，在 Java 8 中，该方法将接收一个 Lambda 表达式。map()方法还包含其他实现方式，但此处使用了包含两个参数的 Lambda ((k, v)->)。

map()方法可描述为：针对输入流中的每个元素，我们将析取元组（键,值）。具体来说，当前仅使用值（键为 null）、将其转换为 HealthCheck、析取两个属性（启动时间和 SerialNumber）、计算 uptime，并返回包含(SerialNumber, uptime)的新键-值对。

最后一步是将相关值写入 uptimes topic 中，如下所示。

```
uptimeStream.to( Constants.getUptimesTopic(),
  Produced.with(Serdes.String(), Serdes.String()));
```

再次强调，强烈建议声明数据流的数据类型。在当前示例中，键-值对表示为(String, String)类型。

上述各项步骤的总结如下所示。

（1）从输入 topic 中读取(String, String)类型的键-值对。

（2）将每个 JSON 对象反序列化为 HealthCheck。

（3）计算 uptimes。

（4）将 uptimes 以(String,String)类型的键-值对形式写入输出 topic 中。

最后，启动 Kafka Streams 引擎。

在启动之前，还需要指定拓扑结构和两个属性，即代理和应用程序 ID，如下所示。

```
Topology topology = streamsBuilder.build();
Properties props = new Properties();
props.put("bootstrap.servers", this.brokers);
props.put("application.id", "kioto");
KafkaStreams streams = new KafkaStreams(topology, props);
streams.start();
```

注意，当对 topic 执行读、写操作时，序列化器和反序列化器均显式地定义。因此，这里并未在应用程序范围内绑定至单一数据类型，并可以读、写具有不同数据类型的主题，这一点在实际操作过程中屡见不鲜。

在此基础上，不同的 topic 间使用哪一个 SerDe 将不再具有歧义。

6.4　运行 PlainStreamsProcessor

当构建项目时，在 kioto 目录下运行下列命令：

```
$ gradle build
```

如果一切运行顺利，对应的输出结果如下所示。

```
BUILD SUCCESSFUL in 1s
6 actionable task: 6 up-to-date
```

（1）针对 uptimes topic 运行控制台消费者，如下所示。

```
$ ./bin/kafka-console-consumer --bootstrap-server localhost:9092
--topic uptimes --property print.key=true
```

（2）在 IDE 中，运行 PlainStreamsProcessor 的 main()方法。

（3）在 IDE 中，运行 PlainProducer 的 main()方法（参考前述章节）。

（4）针对 uptimes topic，控制台消费者的输出结果如下所示。

```
EW05-HV36 33
BO58-SB28 20
DV03-ZT93 46
...
```

6.5　Kafka Streams 扩展

在扩展架构时，需要执行下列各项操作步骤。

（1）针对 uptimes topic 运行控制台消费者，如下所示。

```
$ ./bin/kafka-console-consumer --bootstrap-server localhost:9092
--topic uptimes --property print.key=true
```

（2）在命令行中运行应用程序 jar，如下所示。

```
$ java -cp ./build/libs/kioto-0.1.0.jar
kioto.plain.PlainStreamsProcessor
```

此时，可对应用程序是否被真正扩展予以验证。

（3）在新命令行窗口中，执行相同的命令，如下所示。

```
$ java -cp ./build/libs/kioto-0.1.0.jar
kioto.plain.PlainStreamsProcessor
```

对应的输出结果如下所示。

```
2017/07/05 15:03:18.045 INFO ... Setting newly assigned
partitions [healthchecks-2, healthchecks -3]
```

在第 1 章曾谈到，当创建 topic 时，曾对其指定 4 个分区。源自 Kafka Streams 中的消息表明，应用程序被分配至 topic 的第 2 和第 3 分区中。

考查下列日志内容：

```
...
2017/07/05 15:03:18.045 INFO ... Revoking previously assigned partitions
[healthchecks -0, healthchecks -1, healthchecks -2, healthchecks -3]
2017/07/05 15:03:18.044 INFO ... State transition from RUNNING to
PARTITIONS_REVOKED
2017/07/05 15:03:18.044 INFO ... State transition from RUNNING to
REBALANCING
2017/07/05 15:03:18.044 INFO ... Setting newly assigned partitions
[healthchecks-2, healthchecks -3]
...
```

其中，第一个实例使用了 4 个分区；那么，当运行第二个实例时，分区将重新分配至消费者，并给第一个实例分配了两个分区，即 healthchecks-0 和 healthchecks-1。

这体现了 Kafka Streams 流畅的扩展方式。相应地，全部结果源自于：消费者属于同一个消费者分组，并通过 application.id 属性接受 Kafka Streams 的控制。

另外，分配至应用程序的每个实例的数量还可通过设置 num.stream.threads 属性予以调整。因此，每个线程彼此无关，并包含自己的生产者和消费者，进而确保服务器资源被高效地利用。

6.6　Java CustomStreamsProcessor 类

前述章节讨论了如何构建 Kafka 中的生产者、消费者和简单的处理程序。此外，我们还学习了如何利用自定义 SerDe 实现相同的任务，以及如何使用 Avro 和 Schema Registry。截止到目前，本章还探讨了如何利用 Kafka Streams 生成简单的处理程序。

本节将运用之前学习的知识，通过 Kafka Streams 构建一个 CustomStreamsProcessor，并使用自定义的 SerDe。

在 src/main/java/kioto/custom 目录中，创建一个名为 CustomStreamsProcessor.java 的文件，如程序清单 6.3 所示。

```
                程序清单 6.3  CustomStreamsProcessor.java 文件
import ...
public final class CustomStreamsProcessor {
  private final String brokers;
  public CustomStreamsProcessor(String brokers) {
    super();
    this.brokers = brokers;
  }
  public final void process() {
    // below we will see the contents of this method
  }
  public static void main(String[] args) {
    (new CustomStreamsProcessor("localhost:9092")).process();
  }
}
```

这里，须重点关注 process()方法，其中包含了所有核心内容。

Kafka Streams 应用程序中的第一步是获取 StreamsBuilder 实例，如下所示。

```
StreamsBuilder streamsBuilder = new StreamsBuilder();
```

此处可复用之前构建的 Serdes。下列代码将创建一个 KStream，并将消息的值反序列化为 HealthCheck 对象。

```
Serde customSerde = Serdes.serdeFrom(
```

```
    new HealthCheckSerializer(), new HealthCheckDeserializer());
```

Serde 类的 serdeFrom()方法将 HealthCheckSerializer 和 HealthCheckDeserializer 动态地封装至单一的 HealthCheckSerde 中。

StreamsBuilder 用于使用 topic 中的数据。与之前一样，当获取某个 topic 中的 KStream 时，可使用 StreamsBuilder 的 stream()方法，如下所示。

```
KStream healthCheckStream =
  streamsBuilder.stream( Constants.getHealthChecksTopic(),
    Consumed.with(Serdes.String(), customSerde));
```

这里使用的实现方案还可以指定序列化器，在当前示例中，需要为键指定序列化器，并为 Consumed 类指定值的序列化器。此处，键表示为一个字符串（通常为 null），值的序列化器则是新的 customSerde。

process()方法的其余部分保持不变，如下所示。

```
KStream uptimeStream = healthCheckStream.map(((KeyValueMapper)(k, v)-> {
  HealthCheck healthCheck = (HealthCheck) v;
  LocalDate startDateLocal =
    healthCheck.getLastStartedAt().toInstant()
      .atZone(ZoneId.systemDefault()).toLocalDate();
  int uptime =
    Period.between(startDateLocal, LocalDate.now()).getDays();
  return new KeyValue<>(
    healthCheck.getSerialNumber(), String.valueOf(uptime));
}));
uptimeStream.to( Constants.getUptimesTopic(),
  Produced.with(Serdes.String(), Serdes.String()));
Topology topology = streamsBuilder.build();
Properties props = new Properties();
props.put("bootstrap.servers", this.brokers);
props.put("application.id", "kioto");
KafkaStreams streams = new KafkaStreams(topology, props);
streams.start();
```

6.7　运行 CustomStreamsProcessor

当构建项目时，可在 kioto 目录中运行下列命令：

```
$ gradle build
```

如果一切顺利，对应的输出结果如下所示。

```
BUILD SUCCESSFUL in 1s
6 actionable task: 6 up-to-date
```

（1）针对 uptimes topic 运行控制台消费者，如下所示。

```
$ ./bin/kafka-console-consumer --bootstrap-server localhost:9092
--topic uptimes --property print.key=true
```

（2）在 IDE 中，运行 CustomStreamsProcessor 的 main()方法。

（3）在 IDE 中，运行之前构建的 CustomProducer 的 main()方法。

（4）针对 uptimes topic，控制台消费者的输出结果如下所示。

```
EW05-HV36 33
BO58-SB28 20
DV03-ZT93 46
...
```

6.8　Java AvroStreamsProcessor 类

本节将尝试对 Apache Avro、Schema Registry、Kafka Streams 进行适当整合。

下面将在消息中使用 Avro 格式，并通过配置 Schema Registry URL 以及利用 Kafka Avro 反序列化器使用此类数据。对于 Kafka Streams，还需要使用 SerDe，因而在 Gradle 构建文件中添加下列依赖关系：

```
compile 'io.confluent:kafka-streams-avro-serde:5.0.0'
```

上述依赖关系包含了 GenericAvroSerde 以及特定的 avroSerde。另外，两个 SerDe 实现均可与 Avro 记录协同工作。

在 src/main/java/kioto/avro 目录中，创建一个名为 AvroStreamsProcessor.java 的文件，如程序清单 6.4 所示。

```
              程序清单 6.4  AvroStreamsProcessor.java 文件
import ...
public final class AvroStreamsProcessor {
  private final String brokers;
  private final String schemaRegistryUrl;
  public AvroStreamsProcessor(String brokers, String
    schemaRegistryUrl) {
    super();
    this.brokers = brokers;
    this.schemaRegistryUrl = schemaRegistryUrl;
  }
```

```
public final void process() {
  // below we will see the contents of this method
}
public static void main(String[] args) {
  (new AvroStreamsProcessor("localhost:9092",
    "http://localhost:8081")).process();
}
}
```

上述代码的主要差别在于 Schema Registry URL 的规范。如前所述，此处的核心内容仍是 process()方法。

Kafka Streams 应用程序中的第一步是获取 StreamsBuilder 实例，如下所示。

```
StreamsBuilder streamsBuilder = new StreamsBuilder();
```

第二步是获取 GenericAvroSerde 对象的实例，如下所示。

```
GenericAvroSerde avroSerde = new GenericAvroSerde();
```

由于此处使用了 GenericAvroSerde，因而需要通过 Schema Registry URL 对其进行配置，如下所示。

```
avroSerde.configure(
  Collections.singletonMap("schema.registry.url",
    schemaRegistryUrl,false);
```

GenericAvroSerde 的 configure()方法作为参数接收一个映射，鉴于此处仅需要一个单项映射，因而采用了单例映射方法。

接下来利用该 SerDe 创建一个 KStream。下列代码将生成一个包含 GenericRecord 对象的 Avro Stream。

```
KStream avroStream =
  streamsBuilder.stream( Constants.getHealthChecksAvroTopic(),
    Consumed.with(Serdes.String(), avroSerde));
```

这里，应注意如何请求 AvroTopic 的名称，并且需要为键指定序列化器，同时为 Consumed 类指定值的序列化器。在当前示例中，键定义为 String（通常为 null），值的序列化器则表示为新的 avroSerde。

当解析 healthCheckStream 的值时，我们在 mapValues()方法的 Lambda 中使用了与前几章相同的方法，其中只有一个参数(v->)，如下所示。

```
KStream healthCheckStream = avroStream.mapValues((v -> {
  GenericRecord healthCheckAvro = (GenericRecord) v;
```

```
HealthCheck healthCheck = new HealthCheck(
  healthCheckAvro.get("event").toString(),
  healthCheckAvro.get("factory").toString(),
  healthCheckAvro.get("serialNumber").toString(),
  healthCheckAvro.get("type").toString(),
  healthCheckAvro.get("status").toString(),
  new Date((Long) healthCheckAvro.get("lastStartedAt")),
  Float.parseFloat(healthCheckAvro.get("temperature").toString()),
  healthCheckAvro.get("ipAddress").toString());
  return healthCheck;
}));
```

process()方法的其余内容则保持不变，如下所示。

```
KStream uptimeStream = healthCheckStream.map(((KeyValueMapper)(k, v)-> {
  HealthCheck healthCheck = (HealthCheck) v;
  LocalDate startDateLocal =
    healthCheck.getLastStartedAt().toInstant()
      .atZone(ZoneId.systemDefault()).toLocalDate();
  int uptime =
    Period.between(startDateLocal, LocalDate.now()).getDays();
  return new KeyValue<>(
    healthCheck.getSerialNumber(), String.valueOf(uptime));
}));

uptimeStream.to( Constants.getUptimesTopic(),
  Produced.with(Serdes.String(), Serdes.String()));

Topology topology = streamsBuilder.build();
Properties props = new Properties();
props.put("bootstrap.servers", this.brokers);
props.put("application.id", "kioto");
KafkaStreams streams = new KafkaStreams(topology, props);
streams.start();
```

为了使代码更加清晰，可创建自己的 SerDe，其中包含了相应的反序列化代码。因此，可直接将 Avro 对象反序列化为 HealthCheck 对象。对此，对应类需要扩展通用的 Avro 反序列化器，具体过程将留与读者以作为练习。

6.9　运行 AvroStreamsProcessor

当构建项目时，可在 kioto 目录中运行下列命令：

```
$ gradle build
```

如果一切顺利，对应的输出结果如下所示。

```
BUILD SUCCESSFUL in 1s
  6 actionable task: 6 up-to-date
```

（1）针对 uptimes topic 运行控制台消费者，如下所示。

```
$ ./bin/kafka-console-consumer --bootstrap-server localhost:9092
--topic uptimes --property print.key=true
```

（2）在 IDE 中，运行 AvroStreamsProcessor 的 main()方法。

（3）在 IDE 中，运行之前构建的 AvroProducer 的 main()方法。

（4）针对 uptimes topic，控制台消费者的输出结果如下所示。

```
EW05-HV36 33
BO58-SB28 20
DV03-ZT93 46
...
```

6.10　延迟事件处理

之前我们曾谈到了消息处理机制，接下来将讨论事件。在该上下文中，事件表示为特定时间发生的行为。一个事件即是出现于特定时间点的消息。

为了进一步理解事件，我们需要知道时间戳的具体含义。相应地，事件通常包含两个时间戳，具体如下：

❑　事件时间：事件出现在数据源上的时间点。

❑　处理时间：事件在数据处理程序中被处理时的时间点。

由于物理定律的限制，处理时间总是在事件时间之后，并且与事件时间不同，原因如下：

❑　通常会存在网络延迟：数据源与 Kafka 代理之间的传输时间不可能为 0。

❑　客户端包含缓存：如果客户端缓存之前的事件，会将其发送至数据处理器程序。作为示例，考查断续连接至网络的移动设备，鉴于存在一个网络断开区域，该设备将持有之前发送于其中的一些数据。

❑　背压（back pressure）的存在：考虑到代理较为繁忙且存在过多的事件，代理有时不会立即处理所到达的事件。

综上所述，消息中应设置相应的时间戳。自 Kafka 0.10 起，存储于 Kafka 中的消息总是会包含一个关联的时间戳，通常由生产者加以分配。如果生产者发送了一个未包含时间戳的消息，代理将为其分配一个时间戳。

作为一个重要提示，当生成消息时，通常需要分配一个源自生产者的时间戳。

6.11　基本场景

当解释事件时，我们需要一个事件定期到达的系统，且需要知道单位时间内所生成的事件数量，图 6.1 显示了这一基本场景。

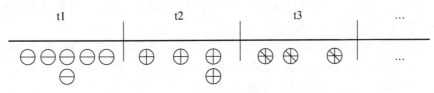

图 6.1　生成的事件

在图 6.1 中，每个圆圈都代表一个事件，此类事件不具备维度特征且位于特定的时间点上。事件一般准时到达，但出于演示目的，这里将其表示为圆形。可以看到，在 t1 和 t2 中，两个不同的事件可出现于同一时刻。

在图 6.1 中，tn 表示第 n 个时间单位。图中的每个圆形代表一个事件。当对其进行区分时，t1 中的事件表示为包含一条线段的圆形；t2 中的事件表示为包含两条线段的圆形；t3 中的事件表示为包含三条线段的圆形。

当计算每个时间单位中的事件时，需要考虑以下内容：

❑　t1 中包含了 6 个事件。

❑　t2 中包含了 4 个事件。

❑　t3 中包含了 3 个事件。

鉴于系统有时会出现故障（如网络延迟、服务器宕机、网络分区、电力故障、电压变化等），t2 中的事件可能会出现延迟，并于 t3 中到达系统，如图 6.2 所示。

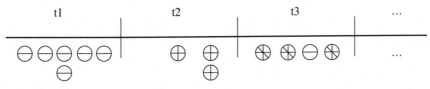

图 6.2　处理中的事件

如果通过处理时间计算事件，则可得到以下结果：

❑　t1 中包含了 6 个事件。

❏ t2 中包含了 3 个事件。

❏ t3 中包含了 4 个事件。

当计算单位时间内生成的事件数量时，该结果并不正确。

其中，到达 t3（而非 t2）中的事件称作延迟事件。对此，存在以下两种选择：

❏ 当 t2 结束时，初步结果显示，t2 的计数结果为 3 个事件。随后在处理过程中，当在
另一个时间段中发现一个属于 t2 的事件时，则更新 t2 的结果，即 t2 包含 4 个事件。

❏ 在每个窗口结束时，需要稍等片刻才会产生结果。例如，可等待另一个时间单位。
在当前示例中，当 t(n+1)结束时，方得到 tn 的结果。注意，等待产生结果的时间
可能与时间单位大小无关。

这一类场景在实际操作过程中较为常见，且存在多种建议方案，Apache Beam 便是其
中之一。但 Apache Spark、Apache Flink、Akka Streams 同样值得尝试。

下面考查 Kafka Streams 的解决方案。

6.12　延迟事件的生成

对于延迟事件的 Kafka Streams 方案，首先需要考查延迟事件生成器。

出于简单考虑，生成器将以固定频率持续发送事件，其间将会生成延迟事件。同时，
生成器生成的事件包含以下特征：

❏ 每个窗口时长为 10 秒。

❏ 每秒生成一个事件。

❏ 事件应于每分钟的第 54 秒生成并延迟 12 秒。也就是说，它将在下一分钟的第 6
秒到达（位于下一个窗口中）。

其中，"每个窗口时长为 10 秒"意味着每 10 秒进行一次聚合。注意，当前测试的主
要目标是在正确的窗口中计数延迟事件。

在 src/main/java/kioto/events 目录中创建一个名为 EventProducer.java 的文件，如程序
清单 6.5 所示。

```
                    程序清单 6.5  EventProducer.java 文件
package kioto.events;
import ...
public final class EventProducer {
  private final Producer<String, String> producer;
  private EventProducer(String brokers) {
    Properties props = new Properties();
    props.put("bootstrap.servers", brokers);
```

```
      props.put("key.serializer", StringSerializer.class);
      props.put("value.serializer", StringSerializer.class);
      producer = new KafkaProducer<>(props);
   }
   private void produce() {
      // ...
   }
   private void sendMessage(long id, long ts, String info) {
      // ...
   }
   public static void main(String[] args) {
      (new EventProducer("localhost:9092")).produce();
   }
}
```

事件生成器定义为 Java KafkaProducer，因而可声明与所有 Kafka Producer 相同的属性。

生成器代码较为简单。首先需要设置一个计时器，并于每秒生成一个事件。例如，计时器在每秒后将触发 0.3 秒，以避免在 0.998 秒时发送消息。produce()方法如下所示。

```
private void produce() {
   long now = System.currentTimeMillis();
   long delay = 1300 - Math.floorMod(now, 1000);
   Timer timer = new Timer();
   timer.schedule(new TimerTask() {
      public void run() {
         long ts = System.currentTimeMillis();
         long second = Math.floorMod(ts / 1000, 60);
         if (second != 54) {
            EventProducer.this.sendMessage(second, ts, "on time");
         }
         if (second == 6) {
            EventProducer.this.sendMessage(54, ts - 12000, "late");
         }
      }
   }, delay, 1000);
}
```

当计时器被触发后，将执行 run()方法。除了第 54 秒之外，每秒将发送一个事件，并延迟该事件 12 秒。随后，将在下一分钟的第 6 秒时发送这一延迟事件，同时修改时间戳。

在 sendMessage()方法中，将分配该事件的时间戳，如下所示。

```
private void sendMessage(long id, long ts, String info) {
   long window = ts / 10000 * 10000;
```

```
String value = "" + window + ',' + id + ',' + info;
Future futureResult = this.producer.send(
  new ProducerRecord<>(
    "events", null, ts, String.valueOf(id), value));
try {
  futureResult.get();
} catch (InterruptedException | ExecutionException e) {
  // deal with the exception
}
```

6.13　运行 EventProducer

当运行 EventProducer 时，可执行下列各项步骤。

（1）创建事件 topic，如下所示。

$. /bin/kafka-topics --zookeeper localhost:2181 --create --topic events --replication-factor 1 --partitions 4

（2）针对事件 topic，执行下列命令并运行控制台消费者：

$ ./bin/kafka-console-consumer --bootstrap-server localhost:9092 --topic events

（3）在 IDE 中，运行 EventProducer 的 main()方法。

（4）针对事件 topic，控制台消费者的输出结果如下所示。

```
1532529060000,47, on time
1532529060000,48, on time
1532529060000,49, on time
1532529070000,50, on time
1532529070000,51, on time
1532529070000,52, on time
1532529070000,53, on time
1532529070000,55, on time
1532529070000,56, on time
1532529070000,57, on time
1532529070000,58, on time
1532529070000,59, on time
1532529080000,0, on time
1532529080000,1, on time
1532529080000,2, on time
1532529080000,3, on time
1532529080000,4, on time
```

```
1532529080000,5, on time
1532529080000,6, on time
1532529070000,54, late
1532529080000,7, on time
...
```

注意，每个事件窗口每隔 10 秒将发生变化。另外还需要注意的是，第 54 个事件并未在第 53 个～第 55 个事件被发送。属于上一个窗口中的第 54 个事件将在下一分钟的第 6秒～第 7 秒到达。

6.14　Kafka Streams 处理程序

本节将处理每个窗口中的事件计数问题。对此，可使用 Kafka Streams。相应地，这种分析类型常称作流聚合。

在 src/main/java/kioto/events 目录中，创建一个名为 EventProcessor.java 的文件，如程序清单 6.6 所示。

程序清单 6.6　EventProcessor.java 文件

```
package kioto.events;
import ...
public final class EventProcessor {
  private final String brokers;
  private EventProcessor(String brokers) {
    this.brokers = brokers;
  }
  private void process() {
    // ...
  }
  public static void main(String[] args) {
    (new EventProcessor("localhost:9092")).process();
  }
}
```

其中，全部的处理逻辑均位于 process()方法中。对此，第一步是创建一个 StreamsBuilder，进而生成 KStream，如下所示。

```
StreamsBuilder streamsBuilder = new StreamsBuilder();
KStream stream = streamsBuilder.stream(
  "events", Consumed.with(Serdes.String(), Serdes.String()));
```

如前所述，我们将从 topic 中指定正在读取的事件，在当前示例中称作 events。随后，一般会指定 Serdes，相应地，键和值类型均为 String。

这里，每一个步骤均是从一个流至另一个流之间的转换。

下一步是构建 KTable。对此，首先需要使用到 groupBy()函数，该函数接收一个键-值对。相应地，可分配一个名为"foo"的键，该键并无关联性，但需要予以指定。接下来将使用到 windowedBy()函数，该函数用于指定窗口的时长为 10 秒。最后还会使用到 count()函数，并生成一个键-值对（键为 String 类型，值为 long 类型）。对应数字表示为每个窗口的事件计数（键表示为窗口的启动时间），如下所示。

```
KTable aggregates = stream
  .groupBy( (k, v) -> "foo", Serialized.with(Serdes.String(),
  Serdes.String()))
  .windowedBy( TimeWindows.of(10000L) )
  .count( Materialized.with( Serdes.String(), Serdes.Long() ) );
```

如果读者对 KTable 这一概念可视化效果尚不熟悉（其中，键表示为 KTable<Windowed<String>>；值表示为 long 类型），可将其进行输出（第 7 章将对此加以介绍），对应的输出结果如下所示。

```
key | value
---------------- |-------
1532529050000:foo | 10
1532529060000:foo | 10
1532529070000:foo | 9
1532529080000:foo | 3
...
```

其中，键包含窗口 ID 和实用聚合键（包含值"foo"）；对应值表示为在特定时间点的窗口中计数的元素数量。

接下来，由于需要将 KTable 输出至某个 topic 中，因而需要将其转换为 KStream，如下所示。

```
aggregates
  .toStream()
  .map( (ws, i) -> new KeyValue( ""+((Windowed)ws).window().start(), ""+i))
  .to("aggregates", Produced.with(Serdes.String(), Serdes.String()));
```

KTable 的 toStream()方法返回一个 KStream。这里使用了一个 map()函数并接收两个值，即当前窗口和计数，最后作为键析取窗口的起始时间，并作为值析取计数值。to()方法用于指定希望输出的 topic（实际操作中，通常指定为 SerDes）。

最后，还需要启用拓扑结构和应用程序，如下所示。

```
Topology topology = streamsBuilder.build();
Properties props = new Properties();
props.put("bootstrap.servers", this.brokers);
props.put("application.id", "kioto");
props.put("auto.offset.reset", "latest");
props.put("commit.interval.ms", 30000);
KafkaStreams streams = new KafkaStreams(topology, props);
streams.start();
```

需要注意的是，commit.interval.ms 属性表示等待的毫秒数，进而将结果写入 aggregates topic 中。

6.15　运行流处理程序

当运行 EventProcessor 时，需要执行以下各项步骤。

（1）创建 aggregates topic，如下所示。

```
$ ./bin/kafka-topics --zookeeper localhost:2181 --create --topic
aggregates --replication-factor 1 --partitions 4
```

（2）针对 aggregates topic 运行控制台消费者，如下所示。

```
$ ./bin/kafka-console-consumer --bootstrap-server localhost:9092
--topic aggregates --property print.key=true
```

（3）在 IDE 中，运行 EventProducer 的 main()方法。

（4）在 IDE 中，运行 EventProcessor 的 main()方法。

（5）需要注意的是，每隔 30 秒数据将被写入 topic 中。针对 aggregates topic，控制台消费者的输出结果如下所示。

```
1532529050000 10
1532529060000 10
1532529070000 9
1532529080000 3
```

在第二个窗口之后，KTable 中的值将被新的正确数据所更新，如下所示。

```
1532529050000 10
1532529060000 10
1532529070000 10
1532529080000 10
1532529090000 10
1532529100000 4
```

这里应注意第一次输出方式，其中，最后一个窗口的值为 3；在 1532529070000 中启动的窗口包含了值 9。随后，在第二次输出中，对应值均为正确结果，其原因在于，在第一次输出中，延迟事件尚未到达。一旦到达，计数值将针对所有窗口进行修正。

6.16　流处理程序分析

如果读者尚存疑问，实属正常。

这里，第一项需要考查的是，在流式聚合和一般的流中，流是无界的，我们永远不清楚什么时候会得到最终结果，也就是说，作为程序员，需要决定什么时候将聚合的部分值作为最终结果。

回忆一下，流的输出结果是 KTable 于某一时刻的快照。因此，KTable 的结果只在输出时有效。需要注意的是，在后续操作过程中，KTable 值很可能发生变化。当前，为了更加频繁地查看结果，可将提交的间隔值修改为 0，如下所示。

```
props.put("commit.interval.ms", 0);
```

这表明，KTable 的结果在被修改时即被输出。也就是说，该过程将每秒输出新值。当运行程序时，KTable 值将随着每次更新（每秒）而被输出，如下所示。

```
1532529080000 6
1532529080000 7
1532529080000 8
1532529080000 9
1532529080000 10 <-- Window end
1532529090000 1 <-- Window beginning
1532529090000 2
1532529090000 3
1532529090000 5 <-- The 4th didn't arrive
1532529090000 6
1532529090000 7
1532529090000 8
1532529090000 9 <-- Window end
1532529100000 1
1532529100000 2
1532529100000 3
1532529100000 4
1532529100000 5
1532529100000 6
1532529090000 10 <-- The 4th arrived, so the count value is updated
1532529100000 7
```

```
1532529100000 8
...
```

这里应注意以下两个效果：

❑ 当窗口结束并且下一个窗口事件开始到达时，窗口的聚合结果（计数）在 9 处停止。

❑ 当延迟事件最终到达时，将在窗口的计数中生成一个更新结果。

Kafka Streams 采用了事件时间语义来实现聚合。重要的是，为了可视化数据，需要修改提交间隔值；而将该值保持为 0 将在生产环境中产生负面影响。

与处理固定的数据集相比，处理事件流将更加复杂。事件通常包含延迟、无序等特征，且通常无法知晓数据总量何时到达。因此，相关问题包括：何时存在延迟事件？如果存在的话，期望值又是多少？何时应丢弃一个延迟事件？

程序的质量有时取决于其工具的质量。在处理数据时，处理工具的功能也有很大的不同。对此，需要反映出何时生成了结果，以及何时产生了延迟。

事件丢弃过程包含一个特殊的名称，即水印。在 Kafka Streams 中，这是通过设置聚合窗口的保存期加以实现的。

6.17 本章小结

Kafka Streams 是一个功能强大的库，同时也是利用 Apache Kafka 构建数据管线时的唯一选择。当实现 Java 客户端时，Apache Kafka 移除了大量的样板内容。与 Apache Spark 或 Apache Flink 相比，Kafka Streams 应用程序更易于构建和管理。

除此之外，本章还考查了如何改进 Kafka Streams 应用程序，进而将数据反序列化至 JSON 格式和 Avro 格式中。其中，序列化部分（写入某个 topic 中）较为类似，因为使用 SerDes 同时处理数据的序列化和反序列化操作。

对于与 Scala 协同工作的开发人员，存在一个称之为 circe 的 Kafka Streams 库，并通过 SerDes 操控 JSON 数据。circe 库在 Scala 中相当于 Jackson 库。

如前所述，Apache Beam 包含了一个复杂的工具集，且重点关注于流管理，其模型基于事件之间的触发器和语义，同时还设置了一个功能强大的水印处理模型。

与 Apache Beam 相比，Kafka Streams 的另一个显著优点是，其开发模型更加简单，这也促使许多开发人员更倾向于使用 Kafka Streams。然而，对于某些更加复杂的问题，Apache Beam 可能更加适宜。

在后续章节中，我们还将继续介绍 Apache Spark 和 Kafka Streams 中的一些优秀功能。

第 7 章　KSQL

在前述章节中，我们曾编写 Java 代码并利用 Kafka 操控数据流。此外，还针对 Kafka 和 Kafka Streams 构建了多个 Java 处理程序。本章将利用 KSQL 实现相同的功能。

本章主要涉及以下主题：

❑　KSQL 简介。

❑　运行 KSQL。

❑　使用 KSQL CLI。

❑　利用 KSQL 处理数据。

❑　写入 topic。

7.1　KSQL 简介

利用 Kafka Connect 可在多种编程语言中构建客户端，包括 JVM（Java、Clojure、Scala）、C/C++、C#、Python、Go、Erlang、Ruby、Node.js、Perl、PHP、Rust 和 Swift。除此之外，如果某种语言未列于其中，还可使用 Kafka REST 代理。但 Kafka 的作者也意识到，所有的程序员，特别是数据工程师，均可通过一种相同的语言进行"交谈"，即结构化查询语言（Structured Query Language，SQL）。因此，他们决定在 Kafka Streams 上创建一个抽象层，并可通过 SQL 操控和查询数据流。

KSQL 是 Apache Kafka 的 SQL 引擎，可编写 SQL 语句并实时分析数据流。回忆一下，数据流是一种无界的数据结构，因而无须知晓其开始处，并持续接收新数据。因此，KSQL 查询通常会持续生成结果，直至用户终止其执行。

KSQL 运行于 Kafka Streams 上。当在数据流上执行查询时，查询将被解析、分析，随后将构建并执行 Kafka Streams 拓扑结构，类似于运行 Kafka Streams 应用程序时，在每个 process() 方法中的结尾处理方式。KSQL 采用了一对一的方式映射了 Kafka Streams 中的各种概念，例如表、连接、流、窗口函数等等。

KSQL 运行于 KSQL 服务器上。因此，如果需要更大的容量，则可运行一个或多个 KSQL 服务器实例。从内部来看，所有的 KSQL 实例处于同时工作状态，并通过名为 _confluent-ksql-default__command_topic 的专用、私有 topic 发送和接收信息。

同样，还可通过 REST API 与 KSQl 进行交互。另外，KSQL 也包含了自己的命令行界面（Command-Line Interface，CLI）。关于 KSQL 的更多信息，读者可参考其在线文档，对应的网址为 https://docs. confluent.io/current/ksql/docs/index.html。

7.2　运行 KSQL

如前所述，KSQL 随 Confluent Platform 发布。当启动 Confluent Platform 时，也将会自动启动 KSQL 服务器，如图 7.1 所示。

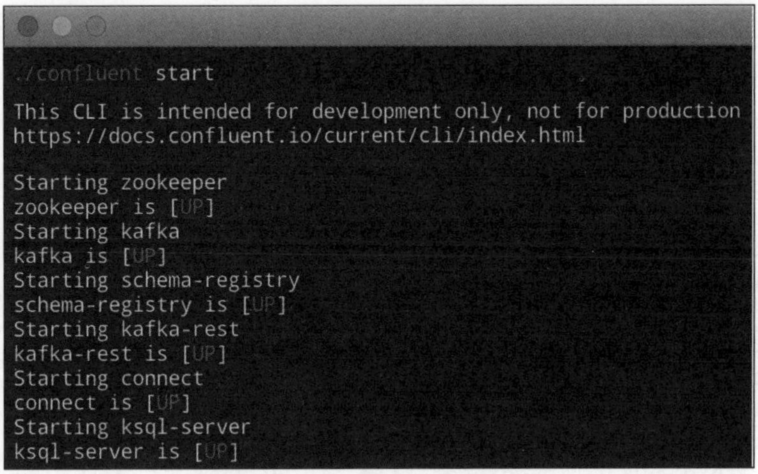

图 7.1　启动 Confluent Platform

当单独启动 KSQL 时（不建议），可使用 ksql-server-start 命令。另外，还可在 bin 目录中输入./ksql，如图 7.2 所示。

图 7.2　KSQL CLI 启动画面

7.3　使用 KSQL CLI

KSQL CLI 是一个命令行提示符，并与 KSQL 进行交互，KSQL CLI 与其他关系型数据库十分相似，例如 MariaDB 或 MySQL。当查看全部命令时，可输入 help，随后将显示一个包含选项的列表。

当前，我们尚未与 KSQL 产生任何交互行为。对此，首先需要声明一个表或流。另外，我们还将在前述信息的基础上并结合生产者，将 JSON 信息写入 healthchecks topic 中。对应的数据如下所示。

```
{"event":"HEALTH_CHECK","factory":"Lake Anyaport","serialNumber":"EW05-
HV36","type":"WIND","status":"STARTING",
"lastStartedAt":"2018-09-17T11:05:26.094+0000",
"temperature":62.0,"ipAddress":"15.185.195.90"}
{"event":"HEALTH_CHECK","factory":"Candelariohaven",
"serialNumber":"BO58-SB28","type":"SOLAR","status":"STARTING",
"lastStartedAt":"2018-08-16T04:00:00.179+0000",
"temperature":75.0,"ipAddress":"151.157.164.162"}
{"event":"HEALTH_CHECK","factory":"Ramonaview",
"serialNumber":"DV03-ZT93","type":"SOLAR","status":"RUNNING",
"lastStartedAt":"2018-07-12T10:16:39.091+0000",
"temperature":70.0,"ipAddress":"173.141.90.85"}
...
```

KSQL 可读取 JSON 数据，还可读取 Avro 格式的数据。当声明源自 healthchecks topic 中的数据流时，可采用下列命令：

```
ksql> CREATE STREAM healthchecks (event string, factory string,
serialNumber string, type string, status string, lastStartedAt string,
temperature double, ipAddress string) WITH
(kafka_topic='healthchecks', value_format='json');
```

对应的输出结果如下所示。

```
Message
----------------------------
Stream created and running
----------------------------
```

当查看现有的 STREAM 结构时，可使用 DESCRIBE 命令，进而显示数据类型及其结构，如下所示。

```
ksql> DESCRIBE healthchecks;
```

对应的输出结果如下所示。

```
Name                 :     HEALTHCHECKS
Field                |     Type
-------------------------------------------------
ROWTIME              |     BIGINT            (system)
ROWKEY               |     VARCHAR(STRING)   (system)
EVENT                |     VARCHAR(STRING)
FACTORY              |     VARCHAR(STRING)
SERIALNUMBER         |     VARCHAR(STRING)
TYPE                 |     VARCHAR(STRING)
STATUS               |     VARCHAR(STRING)
LASTSTARTEDAT        |     VARCHAR(STRING)
TEMPERATURE          |     DOUBLE
IPADDRESS            |     VARCHAR(STRING)
```

需要注意的是，开始处显示了两个附加字段，即 ROWTIME（消息时间戳）和 ROWKEY（消息键）。

当创建流时，Kafka topic 声明为 healthchecks。因此，如果执行 SELECT 命令，将获得一个数据流实时指向的、topic 中的事件列表（运行一个生产者获取新的数据），对应命令如下所示。

```
ksql> select * from healthchecks;
```

对应的输出结果如下所示。

```
1532598615943 | null | HEALTH_CHECK | Carliefort | FM41-RE80 | WIND |
STARTING | 2017-08-13T09:37:21.681+0000 | 46.0 | 228.247.233.14
1532598616454 | null | HEALTH_CHECK | East Waldo | HN72-EB29 | WIND |
RUNNING | 2017-10-31T14:20:13.929+0000 | 3.0 | 223.5.127.146
1532598616961 | null | HEALTH_CHECK | New Cooper | MM04-TZ21 | SOLAR |
SHUTTING_DOWN | 2017-08-21T21:10:31.190+0000 | 23.0 | 233.143.140.46
1532598617463 | null | HEALTH_CHECK | Mannmouth | XM02-PQ43 | GEOTHERMAL |
RUNNING | 2017-09-08T10:44:56.005+0000 | 73.0 | 221.96.17.237
1532598617968 | null | HEALTH_CHECK | Elvisfort | WP70-RY81 | NUCLEAR |
RUNNING | 2017-09-07T02:40:18.917+0000 | 49.0 | 182.94.17.58
1532598618475 | null | HEALTH_CHECK | Larkinstad | XD75-FY56 | GEOTHERMAL |
STARTING | 2017-09-06T08:48:14.139+0000 | 35.0 | 105.236.9.137
1532598618979 | null | HEALTH_CHECK | Nakiaton | BA85-FY32 | SOLAR |
RUNNING | 2017-08-15T04:10:02.590+0000 | 32.0 | 185.210.26.215
1532598619483 | null | HEALTH_CHECK | North Brady | NO31-LM78 |
HYDROELECTRIC | RUNNING | 2017-10-05T12:12:52.940+0000 | 5.0 | 17.48.190.21
1532598619989 | null | HEALTH_CHECK | North Josianemouth | GT17-TZ11 |
```

```
SOLAR | SHUTTING_DOWN | 2017-08-29T16:57:23.000+0000 | 6.0 | 99.202.136.163
```

SELECT 命令显示了流中声明的 Kafka topic 中的数据。查询过程持续进行，直至用户终止其操作。当 topic 中生成新事件时，新的记录也将作为新行被输出。当停止查询时，可按 Ctrl+C 快捷键。

7.4　利用 KSQL 处理数据

在前述章节中，我们从 healthchecks topic 中获取数据，计算机器的 uptimes，并将对应数据推送至名为 uptimes 的 topic 中。下面将采用 KSQL 这类操作。

在编写本书时，KSQL 尚未定义日期比较函数。对此，可考虑以下两个方案：

❑ 第一个方案针对 KSQL，利用 Java 编写一个用户定义函数（User-Defined Function，UDF）。

❑ 第二个方案使用已有的函数进行计算。

UDF 的创建过程则超出了本书所讨论范围，因而我们选择第二个方案，即使用已有的函数进行计算。

（1）利用 STRINGTOTIMESTAMP 函数解析启动时间（鉴于 KSQL 尚未定义 DATE 类型，因而此处以字符串格式声明当前日期），如下所示。

```
ksql> SELECT event, factory, serialNumber, type, status,
lastStartedAt, temperature, ipAddress,
STRINGTOTIMESTAMP(lastStartedAt,'yyyy-MM-dd''T'
'HH:mm:ss.SSSZ') FROM healthchecks;
```

对应的输出结果如下所示。

```
HEALTH_CHECK | Ezekielfurt | AW90-DQ16 | HYDROELECTRIC | RUNNING |
2017-09-28T21:00:45.683+0000 | 7.0 | 89.87.184.250 | 1532168445683
HEALTH_CHECK | Icieville | WB52-WC16 | WIND | SHUTTING_DOWN |
2017-10-31T22:38:26.783+0000 | 15.0 | 40.23.168.167 | 1532025506783
HEALTH_CHECK | McClurehaven | QP68-WX17 | GEOTHERMAL | RUNNING |
2017-11-12T23:16:27.105+0000 | 76.0 | 252.213.150.75 | 1532064587105
HEALTH_CHECK | East Maudshire | DO15-BB56 | NUCLEAR | STARTING |
2017-10-14T03:04:00.399+0000 | 51.0 | 93.202.28.134 | 1532486240399
HEALTH_CHECK | South Johnhaven | EE06-EX06 | HYDROELECTRIC | RUNNING |
2017-09-06T20:14:27.438+0000 | 91.0 | 244.254.181.218 | 1532264867438
```

（2）日期间的比较。在 KSQL 中，尚不存在相关函数可获取当前日期。对此，可采用 STRINGTOTIMESTAMP 函数解析日期，如下所示。

```
ksql> SELECT serialNumber,STRINGTOTIMESTAMP(lastStartedAt,
```

```
'yyyy-MM-dd''T''HH:mm:ss.SSSZ'), STRINGTOTIMESTAMP('2017-11-18',
'yyyy-MM-dd') FROM healthchecks;
```

对应的输出结果如下所示。

```
FE79-DN10  | 1532050647607 | 1510984800000
XE79-WP47  | 1532971000830 | 1510984800000
MP03-XC09  | 1532260107928 | 1510984800000
SO48-QF28  | 1532223768121 | 1510984800000
OC25-AB61  | 1532541923073 | 1510984800000
AL60-XM70  | 1532932441768 | 1510984800000
```

下面比较两个日期，并计算二者间的天数（1 天=86400 秒=24 小时×60 分钟×60 秒，1
秒=1000 毫秒），如下所示。

```
ksql> SELECT serialNumber,(STRINGTOTIMESTAMP('2017-11-18',
'yyyy-MM-dd''T''HH:mm:ss.SSSZ')-STRINGTOTIMESTAMP(lastStartedAt,
'yyyy-MM-dd'))/86400/1000 FROM healthchecks;
```

对应的输出结果如下所示。

```
EH92-AQ09  | 39
BB09-XG98  | 42
LE94-BT50  | 21
GO25-IE91  | 97
WD93-HP20  | 22
JX48-KN03  | 12
EC84-DD11  | 73
SF06-UB22  | 47
IU77-VQ89  | 18
NM80-ZY31  | 5
TR64-TI21  | 51
ZQ13-GI11  | 80
II04-MB66  | 48
```

至此，我们针对每台机器计算了运行时间。

7.5　写入 topic 中

截止到目前，我们已对数据进行了处理，并采用实时方式输出命令结果。当向另一个
topic 中发送这一类结果时，可使用 CREATE 命令模式，它是从 SELECT 命令中指定的。

相应地，可将运行时间记为字符串，并以逗号分隔的格式编写数据（KSQL 支持逗号
分隔的格式、JSON 格式和 Avro 格式），如下所示。

```
ksql> CREATE STREAM uptimes WITH (kafka_topic='uptimes',
value_format='delimited') AS SELECT
CAST((STRINGTOTIMESTAMP('2017-11-18','yyyy-MM-dd''T''HH:mm:ss.SSSZ')-
STRINGTOTIMESTAMP(lastStartedAt,'yyyy-MM-dd'))/86400/1000 AS string) AS
uptime FROM healthchecks;
```

对应的输出结果如下所示。

```
Message
---------------------------
Stream created and running
---------------------------
```

上述查询操作运行于后台。当查看其运行状态时，可使用 uptimes topic 的控制台消费者，如下所示。

```
$ ./kafka-console-consumer --bootstrap-server localhost:9092 --topic
uptimes --property print.key=true
```

对应的输出结果如下所示。

```
null 39
null 42
null 21
```

虽然结果正确，但此处忘记了使用机器序列号作为消息键。对此，需要重新构建查询操作和数据流。

（1）使用 show queries 命令，如下所示。

```
ksql> show queries;
```

对应的输出结果如下所示。

```
Query ID | Kafka Topic | Query String
----------------------------------------------------------------------
CSAS_UPTIMES_0 | UPTIMES | CREATE STREAM uptimes WITH
(kafka_topic='uptimes', value_format='delimited') AS SELECT
CAST((STRINGTOTIMESTAMP('2017-11-18','yyyy-MM-dd''T''HH:mm:ss.SSSZ')-
STRINGTOTIMESTAMP(lastStartedAt,'yyyy-MM-dd'))/86400/1000 AS string) AS
uptime FROM healthchecks;
----------------------------------------------------------------------
For detailed information on a Query run: EXPLAIN <Query ID>;
```

（2）根据 Query ID，可使用 terminate <ID>命令，如下所示。

```
ksql> terminate CSAS_UPTIMES_0;
```

对应的输出结果如下所示。

```
Message
-------------------
Query terminated.
-------------------
```

当删除数据流时，可使用 DROP STREAM 命令，如下所示。

```
ksql> DROP STREAM uptimes;
```

对应的输出结果如下所示。

```
Message
------------------------------
Source UPTIMES was dropped.
------------------------------
```

当正确地编写事件键时，需要使用 PARTITION BY 字句。首先需要利用部分计算结果重新生成数据流，如下所示。

```
ksql> CREATE STREAM healthchecks_processed AS SELECT serialNumber,
CAST((STRINGTOTIMESTAMP('2017-11-18','yyyy-MM-dd''T''HH:mm:ss.SSSZ')-
STRINGTOTIMESTAMP(lastStartedAt,'yyyy-MM-dd'))/86400/1000 AS
string) AS uptime FROM healthchecks;
```

对应的输出结果如下所示。

```
Message
---------------------------
Stream created and running
---------------------------
```

上述数据流包含了两个字段（serialNumber 和 uptime）。在将此类计算值写入 topic 时，可使用 CREATE STREAM… AS SELECT 语句，如下所示。

```
ksql> CREATE STREAM uptimes WITH (kafka_topic='uptimes',
value_format='delimited') AS SELECT * FROM healthchecks_processed;
```

对应的输出结果如下所示。

```
Message
---------------------------
Stream created and running
---------------------------
```

（3）运行控制台消费者并显示对应结果，如下所示。

```
$ ./bin/kafka-console-consumer --bootstrap-server localhost:9092
--topic uptimes --property print.key=true
```

对应的输出结果如下所示。

```
EW05-HV36 33
BO58-SB28 20
DV03-ZT93 46
...
```

（4）关闭 KSQL CLI（或者按 Ctrl+C 快捷键关闭命令行窗口）。由于查询仍运行于 KSQL 中，用户仍可在控制台消费者窗口中查看结果。

至此，我们通过 KSQL 命令构建了 Kafka Streams 应用程序。

关于 KSQL 的更多功能，读者可参考其官方文档，对应的网址为 https://docs.confluent.io/current/ksql/docs/tutorials/index.html。

7.6　本章小结

KSQL 仍处于崭新的阶段，但该产品已开始被人们所使用。这里，我们也希望 KSQL 处于不断扩展中，以支持更多的数据格式（如 Protobuffers、Thrift 等）和更加丰富的功能（更多的 UDF，例如地理位置和物联网，这些都是非常有用的内容）。

实际上，本章并无任何新意，甚至并未编写一行 Java 代码。因此，对于那些非程序员，但致力于数据分析的开发人员来说，KSQL 无疑是一款首选工具。

第 8 章　Kafka Connect

本章将把 Kafka 与 Spark 结构化流（Apache Spark 解决方案）结合起来，而不是像前几章那样为生产者和消费者、Kafka Streams 或 KSQL 使用 Kafka Java API。

本章主要涉及以下主题：

❑ Spark 流处理程序。

❑ 从 Spark 中读取 Kafka。

❑ 数据转换。

❑ 数据处理。

❑ 从 Spark 中写入至 Kafka。

❑ 运行 SparkProcessor。

8.1　Kafka Connect 简介

Kafka Connect 是一个开源框架，是 Apache Kafka 的一部分内容；它用于将 Kafka 连接到其他系统，例如结构化数据库、列存储、键-值存储、文件系统和搜索引擎。

Kafka Connect 涵盖了广泛的内置连接器。如果从外部系统读取数据，则它被称为数据源（Data Source）；如果要向外部系统写入数据，则它被称为数据接收器（Data Sink）。

在前述章节中曾创建了 Java Kafka 生产者，并在消息中将 JSON 数据发送到名为 healthcheck 的 tipic 中，如下所示。

```
{"event":"HEALTH_CHECK","factory":"Lake Anyaport",
"serialNumber":"EW05-HV36","type":"WIND","status":"STARTING",
"lastStartedAt":"2018-09-17T11:05:26.094+0000",
"temperature":62.0,"ipAddress":"15.185.195.90"}
{"event":"HEALTH_CHECK","factory":"Candelariohaven",
"serialNumber":"BO58-SB28","type":"SOLAR","status":"STARTING",
"lastStartedAt":"2018-08-16T04:00:00.179+0000",
"temperature":75.0,"ipAddress":"151.157.164.162"}
{"event":"HEALTH_CHECK","factory":"Ramonaview",
"serialNumber":"DV03-ZT93","type":"SOLAR","status":"RUNNING",
"lastStartedAt":"2018-07-12T10:16:39.091+0000",
"temperature":70.0,"ipAddress":"173.141.90.85"}
...
```

下面将处理此类数据，计算机器的运行时间，并获取包含下列 3 条消息的 topic：

```
EW05-HV36 33
BO58-SB28 20
DV03-ZT93 46
...
```

8.2　项目配置

第一步是调整 Kioto 项目，并向 build.gradle 中添加依赖关系，如程序清单 8.1 所示。

程序清单 8.1　Kioto 项目中针对 Spark 的 build.gradle 文件

```
apply plugin: 'java'
apply plugin: 'application'
sourceCompatibility = '1.8'
mainClassName = 'kioto.ProcessingEngine'
  repositories {
  mavenCentral()
  maven { url 'https://packages.confluent.io/maven/' }
}
version = '0.1.0'
dependencies {
  compile 'com.github.javafaker:javafaker:0.15'
  compile 'com.fasterxml.jackson.core:jackson-core:2.9.7'
  compile 'io.confluent:kafka-avro-serializer:5.0.0'
  compile 'org.apache.kafka:kafka_2.12:2.0.0'
  compile 'org.apache.kafka:kafka-streams:2.0.0'
  compile 'io.confluent:kafka-streams-avro-serde:5.0.0'
  compile 'org.apache.spark:spark-sql_2.11:2.2.2'
  compile 'org.apache.spark:spark-sql-kafka-0-10_2.11:2.2.2'
}
jar {
  manifest {
    attributes 'Main-Class': mainClassName
  } from {
    configurations.compile.collect {
      it.isDirectory() ? it : zipTree(it)
    }
  }
  exclude "META-INF/*.SF"
  exclude "META-INF/*.DSA"
  exclude "META-INF/*.RSA"
}
```

当使用 Apache Spark，需要使用下列依赖关系：

```
compile 'org.apache.spark:spark-sql_2.11:2.2.2'
```

将 Apache Spark 与 Kafka 进行连接时，需要使用下列依赖关系：

```
compile 'org.apache.spark:spark-sql-kafka-0-10_2.11:2.2.2'
```

此处使用了 Spark 的早期版本 2.2.2，其原因如下：

❑　针对 Kafka 的连接器可在该版本下完美工作（涉及性能和 bug 等问题）。

❑　与此版本一起工作的 Kafka 连接器也是 Kafka 连接器的众多版本之一，在升级生产环境时，需要考虑到这一点。

8.3　Spark 流处理程序

在 src/main/java/kioto/spark 目录中，创建一个名为 SparkProcessor.java 的文件，如程序清单 8.2 所示。

```
                    程序清单 8.2  SparkProcessor.java 文件
package kioto.spark;
import kioto.Constants;
import org.apache.spark.sql.*;
import org.apache.spark.sql.streaming.*;
import org.apache.spark.sql.types.*;
import java.sql.Timestamp;
import java.time.LocalDate;
import java.time.Period;

public class SparkProcessor {
  private String brokers;
  public SparkProcessor(String brokers) {
    this.brokers = brokers;
  }
  public final void process() {
    //below is the content of this method
  }
  public static void main(String[] args) {
    (new SparkProcessor("localhost:9092")).process();
  }
}
```

需要注意的是，在前述示例中，main()方法利用 IP 地址和 Kafka 代理端口调用 process()

方法。

下面将进一步完善 process() 方法。第一步是初始化 Spark，如下所示。

```
SparkSession spark = SparkSession.builder()
    .appName("kioto")
    .master("local[*]")
    .getOrCreate();
```

在 Spark 中，应用程序名称须与集群中的成员名保持一致，此处将其称为 Kioto（即原始名称）。

第二步是由于将以本地方式运行应用程序，因此需要将 Spark 主机设置为 local[*]，这意味着，我们正在创建一些相当于 CPU 内核的线程。

8.4　从 Spark 中读取 Kafka

Apache Spark 中涵盖了多个连接器。在当前示例中，将针对 Kafka 使用 Databricks Inc.（该公司负责管理 Apache Spark）。

当使用 Spark Kafka 连接器时，可利用源自 Kafka topic 中的 Spark 结构化流读取数据，如下所示。

```
Dataset<Row> inputDataset = spark
    .readStream()
    .format("kafka")
    .option("kafka.bootstrap.servers", brokers)
    .option("subscribe", Constants.getHealthChecksTopic())
    .load();
```

就 Kafka 格式来说，可从 subscribe 选项指定的 topic 中读取流，并运行于指定的代理上。

此时，如果调用 inputDataSet 上的 printSchema() 方法，对应输出结果如图 8.1 所示。

```
root
 |-- key: binary (nullable = true)
 |-- value: binary (nullable = true)
 |-- topic: string (nullable = true)
 |-- partition: integer (nullable = true)
 |-- offset: long (nullable = true)
 |-- timestamp: timestamp (nullable = true)
 |-- timestampType: integer (nullable = true)
```

图 8.1　模式输出

该过程的解释如下：

❑ 键和值均为二进制数据。与 Kafka 不同，在 Spark 中无法针对当前数据指定反序列化器。因此，需要通过 Dataframe 操作执行反序列化操作。

❑ 针对每条消息，可知晓 topic、分区、偏移量和时间戳。

❑ 时间戳通常为 0。

类似于 Kafka Streams，当采用 Spark Streaming 时，在每一步中需要生成新的数据流，并应用转换以获取新的数据流。

在每一步中，如果需要输出数据流（例如，调试应用程序时），可使用下列代码片段：

```
StreamingQuery consoleOutput =
  streamToPrint.writeStream()
    .outputMode("append")
    .format("console")
    .start();
```

由于当前仅是执行代码，且无须真正地将结果赋予某个对象，因而第一行代码是可选内容。

上述代码片段的输出结果如图 8.2 所示。其中，消息值可以是二进制数据。

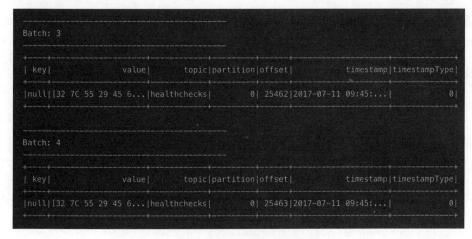

图 8.2　数据流控制台输出

8.5　数据转换

我们已经了解到，当生成数据时，对应数据一般为 JSON 格式，虽然 Spark 可通过二进制格式对其加以读取。当把二进制消息转换为字符串时，可执行下列代码：

```
Dataset<Row> healthCheckJsonDf =
    inputDataset.selectExpr("CAST(value AS STRING)");
```

Dataset 控制台输出结果具有可读性，如下所示。

```
+------------------------+
|                   value|
+------------------------+
| {"event":"HEALTH_CHECK...|
+------------------------+
```

下一步是提供相应的字段列表，以指定 JSON 消息的数据结构，如下所示。

```
StructType struct = new StructType()
    .add("event", DataTypes.StringType)
    .add("factory", DataTypes.StringType)
    .add("serialNumber", DataTypes.StringType)
    .add("type", DataTypes.StringType)
    .add("status", DataTypes.StringType)
    .add("lastStartedAt", DataTypes.StringType)
    .add("temperature", DataTypes.FloatType)
    .add("ipAddress", DataTypes.StringType);
```

随后，将反序列化 JSON 格式的字符串。对此，最简单的方式是使用 org.apache.spark.
sql.functions 包中的 from_json()函数，如下所示。

```
Dataset<Row> healthCheckNestedDs =
  healthCheckJsonDf.select(
    functions.from_json(
      new Column("value"), struct).as("healthCheck"));
```

如果此时输出 Dataset，可以看到模式中指定的嵌套列，如下所示。

```
root
 |-- healthcheck: struct (nullable = true)
 |    |-- event: string (nullable = true)
 |    |-- factory: string (nullable = true)
 |    |-- serialNumber: string (nullable = true)
 |    |-- type: string (nullable = true)
 |    |-- status: string (nullable = true)
 |    |-- lastStartedAt: string (nullable = true)
 |    |-- temperature: float (nullable = true)
 |    |-- ipAddress: string (nullable = true)
```

接下来将平化（flatten）该 Dataset，如下所示。

```
Dataset<Row> healthCheckFlattenedDs = healthCheckNestedDs
    .selectExpr("healthCheck.serialNumber","healthCheck.lastStartedAt");
```

当可视化平化过程时，如果输出 Dataset，可得到下列结果：

```
root
 |-- serialNumber: string (nullable = true)
 |-- lastStartedAt: string (nullable = true)
```

需要注意的是，此处将启动时间读作字符串，其原因在于，from_json()函数于内部使用了 Jackson 库。然而，当前仍无法指定所读取日期的格式。

针对于此，同一个功能包中定义了一个 to_timestamp()函数；如果仅读取一个日期，且忽略时间规范格式，那么也可使用 to_date()函数。下面将重写 lastStartedAt 列，如下所示。

```
Dataset<Row> healthCheckDs = healthCheckFlattenedDs
  .withColumn("lastStartedAt", functions.to_timestamp(
    new Column ("lastStartedAt"), "yyyy-MM-dd'T'HH:mm:ss.SSSZ"));
```

8.6　数据处理

本节将计算 uptimes。Spark 并未定义内建函数以计算两个日期之间的天数。对此，需要设置自定义函数。

在第 7 章中曾谈到，可构建并使用 KSQL 中的新 UDF。

首先是定义一个函数，并作为输入接收 java.sql.Timestamp，如下列代码所示（这也是 Spark DataSet 中时间戳的表达方式），并返回一个整数值，其中包含了自对应日期起的天数。

```
private final int uptimeFunc(Timestamp date) {
  LocalDate localDate = date.toLocalDateTime().toLocalDate();
  return Period.between(localDate, LocalDate.now()).getDays();
}
```

接下来将生成 Spark UDF，如下所示。

```
Dataset<Row> processedDs = healthCheckDs
  .withColumn( "lastStartedAt", new Column("uptime"));
```

最后，将该 UDF 应用于 lastStartedAt 列，并在 DataSet 中创建一个名为 uptime 的新列。

8.7　从 Spark 中写入至 Kafka

前述内容已经处理了数据，并计算得到了 uptimes，接下来将把此类值写入名为 uptimes

的 Kafka topic 中。

　　Kafka 连接器可将值写入 Kafka 中。相应地，写入的 Dataset 须包含一个 key 列和另一个 value 列，二者可以是字符串类型或二进制数据。

　　由于需要将机器的序列号作为键，因而字符串类型可正常工作。随后，需要将 uptime 列从二进制数据转换为字符串类型。

　　此处采用了 Dataset 的 select() 方法计算两列，并通过 as() 方法将其赋予新的名称（可使用该类的 alias() 方法），如下所示。

```
Dataset<Row> resDf = processedDs.select(
  (new Column("serialNumber")).as("key"),
  processedDs.col("uptime").cast(DataTypes.StringType)
  .as("value"));
```

　　当前，Dataset 已处于就绪状态，并包含了 Kafka 连接器所期望的格式。下列代码将通知 Spark 将此类值写入 Kafka 中。

```
StreamingQuery kafkaOutput =
  resDf.writeStream()
    .format("kafka")
    .option("kafka.bootstrap.servers", brokers)
    .option("topic", "uptimes")
    .option("checkpointLocation", "/temp")
    .start();
```

　　注意，我们在选项中添加了检查点位置，这可确保 Kafka 的高可用性。然而，这无法保证消息在"仅一次"模式下被交付。当前，Kafka 可保证"仅一次"交付模式，而 Spark 仅可保证"至少一次"交付模式。

　　最后，可调用 awaitAnyTermination() 方法，如下所示。

```
try {
  spark.streams().awaitAnyTermination();
} catch (StreamingQueryException e) {
  // deal with the Exception
}
```

　　注意，如果 Spark 在代码中留有控制台输出，则意味着，所有查询必须在调用任何 awaitTermination() 方法之前调用其 start() 方法，如下所示。

```
firstOutput = someDataSet.writeStream
...
   .start()
...
```

```
secondOutput = anotherDataSet.writeStream
...
    .start()
firstOutput.awaitTermination()
anotherOutput.awaitTermination()
```

另外还需要注意的是，可以像在原始代码中那样，在末尾处调用一个 awaitAnyTermination() 方法替换所有的 awaitTermination() 方法的调用。

8.8 运行 SparkProcessor

当构建项目时，可在 kioto 目录下运行下列命令：

```
$ gradle jar
```

如果一切顺利，对应的输出结果如下所示。

```
BUILD SUCCESSFUL in 3s
1 actionable task: 1 executed
```

（1）在命令行终端中，访问 Confluent 目录，并按照下列方式启动：

```
$ ./bin/confluent start
```

（2）针对 uptimes topic，运行控制台消费者，如下所示。

```
$ ./bin/kafka-console-consumer --bootstrap-server localhost:9092
--topic uptimes
```

（3）在 IDE 中，运行前述章节构建的 PlainProducer 的 main() 方法。
（4）生产者的控制台消费者的输出结果如下所示。

```
{"event":"HEALTH_CHECK","factory":"Lake
Anyaport","serialNumber":"EW05-
HV36","type":"WIND","status":"STARTING",
"lastStartedAt":"2017-09-17 T11:05:26.094+0000",
"temperature":62.0,"ipAddress":"15.185.195.90"}
{"event":"HEALTH_CHECK","factory":"Candelariohaven",
"serialNumber":"BO58-SB28","type":"SOLAR","status":"STARTING",
"lastStartedAt":"2017-08-16T04:00:00.179+0000",
"temperature":75.0,"ipAddress":"151.157.164.162"}
{"event":"HEALTH_CHECK","factory":"Ramonaview",
"serialNumber":"DV03-ZT93","type":"SOLAR","status":"RUNNING",
"lastStartedAt":"2017-07-12 T10:16:39.091+0000",
"temperature":70.0,"ipAddress":"173.141.90.85"}
```

```
...
```

（5）在 IDE 中，运行 SparkProcessor 的 main()方法。

（6）针对 uptimes topic，控制台消费者的输出结果如下所示。

```
EW05-HV36 33
BO58-SB28 20
DV03-ZT93 46
...
```

8.9　本章小结

如果读者采用 Spark 进行批处理，则应尝试 Spark 结构化流——其 API 类似于批处理所对应的 API。

在将 Spark 与 Kafka 进行流处理比较时，必须记住 Spark 流的设计目的是处理吞吐量，而不是延迟，处理包含低延迟的流将会变得非常复杂。

一直以来，Spark Kafka 连接器都是一个复杂的问题。例如，有时需要同时使用当前版本之前的版本——每个新版本中都会涉及太多的变化内容。

在 Spark 中，部署模型明显复杂于 Kafka Streams。虽然 Spark、Flink 和 Beam 可以执行比 Kafka Streams 复杂得多的任务，但 Kafka 终归易于学习和实现。